「ロウソクの科学」が教えてくれること

炎の輝きから科学の真髄に迫る、
名講演と実験を図説で

尾嶋好美 / 編訳

白川英樹 / 監修

SB Creative

編訳者プロフィール

尾嶋好美（おじま よしみ）

筑波大学GFESTコーディネータ。東京都生まれ。北海道大学農学部畜産科学科卒業、同大学院修了。筑波大学生命環境科学研究科博士後期課程単位取得退学。博士（学術）。筑波大学にて、科学に強い関心を持つ小中高校生のための科学教育プログラムを10年間にわたって企画・運営。現在は「科学実験を通して、論理的思考力や自主性が養われる」という考えのもと、親子向け科学実験教室も実施している。著書は『「食べられる」科学実験セレクション』『家族で楽しむおもしろ科学実験』（サイエンス・アイ新書）など。

監修者プロフィール

白川英樹（しらかわ ひでき）

筑波大学名誉教授。1936年、東京府（現・東京都）生まれ。小学校から高校卒業までを飛騨高山で過ごす。東京工業大学理工学部化学工学科卒業、同大学院理工学研究科博士課程修了。工学博士。東京工業大学資源化学研究所助手、ペンシルベニア大学博士研究員、筑波大学助教授、同教授をへて、同学を定年退官。2000年、「導電性ポリマーの発見と開発」により、アラン・マグダイアミッド、アラン・ヒーガー両教授とともにノーベル化学賞を受賞。現在は子どもを含めた後進の育成に励んでいる。

原著：マイケル・ファラデー／ウィリアム・クルックス
本文デザイン・アートディレクション：永瀬優子（ごぼうデザイン事務所）
撮影：冨樂和也ほか
挿絵：中村知史
校正：曽根信寿／青山典裕

はじめに

　1860年の暮れ、イギリス・ロンドンにある王立研究所の一角に、たくさんの少年少女、そして大人たちが集まりました。ある人の登場を今か今かと待っています。

　その人は当時69歳のマイケル・ファラデー。「もしもファラデーの時代にノーベル賞があったなら、彼は少なくとも6回は受賞していただろう」と後世で言われたほど、多くの業績をあげた化学・物理学者です。

　やがて現れたこの偉大な科学者は、1本のロウソクを手に、優しく、そして楽しげに語り始めました。当時、電気はまだ一般的ではなく、家庭ではロウソクやオイルランプが、夜の街ではガスランプが灯っていました。

　ファラデーは「ロウソクがなぜ燃えるのか?」「その間、何が起きているのか?」という謎を解き明かしていきます。そして、空気や水、金属、生物といった、世界を形作るものの仕組み、美しさもつまびらかにしていったのです。しかも、魔法のように見えて決して魔法ではない、面白い実験を次々と見せながら。その場にいた人々にとっては「これからどうなる!?」「どうしてそうなるの?」の連続で、皆、瞬きすら惜しんで見入ったことでしょう。

さて、18世紀後半から19世紀にかけてといえば、産業革命によって、それまで風車や水車、人の手などでしていた作業が、蒸気機関で行われるようになっていった時代です。1810年代には、労働者が仕事を機械に奪われることを恐れ、機械を破壊する「ラッダイト運動」が起こりました。

　それから150年以上経った現在、日本、そして世界は大きな転換点を迎えています。IT技術の急速な発展によって、今ある多くの仕事がなくなるという予測のもと、働き方や教育のあり方は変化を迫られています。これからの時代には、自ら疑問を持ち、自分自身で考え、課題を解決していく力が求められているのですが、これらの力はどのようにすれば身につくのでしょうか？

　私（尾嶋）は10年以上にわたって、小中高校生の科学研究のサポートを行ってきました。400名余りの生徒と接する中で、自ら疑問を見つけて考えられる生徒と、そうでない生徒の大きな違いは、「なぜ？」と思う習慣を持ち続けているかどうかにあるのではないかと考えるようになりました。小さいころには「なぜ空は青いの？」「なぜセミは夏にしかいないの？」など、たくさんの疑問を持っていたはずなのに、大きくなるとそのようなことがなくなってしまいます。再度、「なぜだろう？」と考え始めるにはきっかけが必要です。この本はその「きっかけ」を皆さんと共有すべく生まれました。

ファラデーの講演をまとめた "The Chemical History of a Candle" は歴史的名著にしてベストセラーであり、日本では『ロウソクの科学』として知られています。この本では、講演中に行われた実験で、再現可能なものを写真や図を交えて解説し、話の流れがわかるように編訳しました。エッセンスをしっかりお伝えすることを優先し、講演録の完訳ではなく、抄訳としています（基本的には、本文中の「」内が原著にあるファラデーの談話、それ以外は本書による要約や補足です）。

　ファラデーは、家に帰ってから自分たちでできる実験を紹介し、自分で確かめることを勧めています。知っている現象でも、実際に目の前で起こると、新たな驚きが生まれます。驚きは多くの疑問をもたらすことでしょう。できれば、読むだけではなく実験をし、五感を使って科学を楽しんでいただけたらと思います。私たち皆の前に、科学の扉は常に開かれています。

2018年11月　尾嶋好美

ファラデーはクリスマス時期に幾度も、子どもたちへのプレゼントとして講演した（右図は1856年頃のもの）

実験についての注意

現代のご家庭で試しやすい実験については、**TRY**マークをつけ、用意するものや手順を紹介しています。ただし、以下の注意が必要です。

● 火を使うものについては、火事、やけどに注意してください。事前に延焼しない状態にし（周囲に燃えやすいものを置かず、火をつけるものが倒れないようにするなど）、消火できる用意をしておき、火元から目を離さずにいましょう。また、粉やホコリが舞っているところ、揮発性の可燃物があるところなど、爆発につながりうるところでは絶対に行わないでください。実験に使う器具にゴミやホコリ、水分がついていると、異常燃焼の原因になります。ぬれたロウソク立てを使ったり、ロウソクを水で消そうとしたりすると、はじけて火災になる可能性があり、大変危険です。

● 生石灰など刺激の強い物質を使うものについては、手や目に直接つかないようにしてください。

● 子どもだけで行わないでください。

● 実験は、室内の温度や湿度、使用する材料などによってうまくいかないことがあります。うまくいかなかった場合は、その理由を考えることが勉強になります。

● **TRY**マークをつけていない実験については、危険なものもあります。実践を推奨しません。

本書に掲載されている情報を利用した結果について、編訳者・監修者・編集部は一切の責任を負いません。

写真:Vaclav Mach/stock.adobe.com

CONTENTS

はじめに 3

❧ コラム ❧ ファラデーとクルックス 11

第1講　ロウソクはなぜ燃える？ 13

A CANDLE : THE FLAME—ITS SOURCES—STRUCTURE—
MOBILITY—BRIGHTNESS.

序に代えて 14

ロウソクは何からできている？ 16

綺麗なだけでは役に立たない 22

‖ TRY 1 ‖ 重力に逆らってのぼる液体 26

固体から液体、そして気体へ 28

‖ TRY 2 ‖ つながる炎 30

炎の輝きの美しさ 32

‖ TRY 3 ‖ 炎の「美しい舌」 36

❧ コラム ❧ ロウソクについて 40

第2講　ロウソクはなぜ輝く？ 41

BRIGHTNESS OF THE FLAME—AIR NECESSARY FOR
COMBUSTION—PRODUCTION OF WATER.

ロウはどこへ行った？ 42

ロウソクを「引く」 44

‖ TRY 4 ‖ 炎の熱のありか 46

燃えるためには新鮮な空気が必要 48

炎を伴う燃焼、炎を伴わない燃焼 51

‖ TRY 5 ‖ 鉄を燃やす 54

炎を上げて燃える粉 55

❧ コラム ❧ クリスマスレクチャー 64

「ロウソクの科学」が教えてくれること

炎の輝きから科学の真髄に迫る、名講演と実験を図説で

サイエンス・アイ新書

第3講　燃えてできる水 ······ 65
PRODUCTS : WATER FROM THE COMBUSTION—
NATURE OF WATER—A COMPOUND—HYDROGEN.

ロウソクからできたもの ······ 66

同じ「水」 ······ 68

燃えるものからできる水 ······ 70

水に浮かぶ氷 ······ 74

┃ TRY 6 ┃ 水を使って缶をつぶす ······ 79

水との反応 ······ 80

鉄が語ってくれること ······ 84

燃える気体の正体 ······ 90

化学力 ······ 94

❧ コラム ❧ ファラデーとボルタ電池 ······ 96

第4講　もう一つの元素 ······ 97
HYDROGEN IN THE CANDLE—BURNS INTO WATER
—THE OTHER PART OF WATER—OXYGEN.

溶けた銅を取り出す ······ 98

電池は水にどのように働くのか ······ 102

ロウソクと酸素 ······ 104

カリウムが燃えるわけ ······ 108

第5講　空気の中には何がある？ ······ 109
OXYGEN PRESENT IN THE AIR—NATURE OF THE
ATMOSPHERE—ITS PROPERTIES—OTHER PRODUCTS
FROM THE CANDLE—CARBONIC ACID—ITS PROPERTIES.

空気と酸素の違い ······ 110

酸素と窒素 ······ 112

気体の重さ ······ 114

大気圧を実感する	118
‖ TRY 7 ‖ ストロー鉄砲	120
空気の弾性	122
ロウソクが燃えてできるもう一つの気体	124
‖ TRY 8 ‖ 石灰水の色を変える	130
炭酸ガスの重さ	133
✳ コラム ✴ 科学を伝える	136

第6講 **息をすることと ロウソクが燃えること** ……… 137

CARBON OR CHARCOAL—COAL GAS—RESPIRATION
AND ITS ANALOGY TO THE BURNING OF A CANDLE
—CONCLUSION.

和ロウソク	138
炭酸ガスの性質	142
燃えてなくなる炭素	147
汚れた空気とは	150
私たちとロウソクの関係	156
大気の偉大な働き	162
講演の最後に	164

付録
全6講で起こったこと	169

おわりに	180
参考書籍など	182

ステアリンを取り出す製法を考案しました。ステアリンは動物の脂肪のようにベタベタすることなく、ロウが垂れても、綺麗にはがし取ることができます。このため、ファラデーの時代には、「ステアリンロウソク」が用いられるようになっていました。

　ファラデーは、さらにさまざまなロウソクと作り方について話していきます。鋳型に入れて作るロウソク、合成染料で色をつけたロウソク、日本で用いられていた和ロウソクについても話したようです。さまざまなロウソクがさまざまな材料で作られていましたが、いずれも「ロウ」と「芯」でできていました。

18世紀後半に刊行された、ディドロ／ダランベール監修『フランス百科全書』に収録されている図。鋳型（右図）にロウを流し込み、ロウソクを作っている
所蔵：大阪府立中央図書館

　一方、ランプはどうでしょう？

　「ランプの場合、液体の油を容器に入れ、それに小さなコケや綿などをひたして芯とし、その先端に火をつけて燃やします。炎は、芯をつたって下に行きますが、油にたどりつくと消えます。炎は油の面より上で燃え続けています。油の面では燃えていません。きっと皆さんは、『どうして、油自身は燃えないのに、芯の先では燃えるのですか？』と疑問を持ったに違いありません」

　ランプの炎をよく見ると、液面より少し上のところから燃えているのがわかります。油自体が燃えるのならば、炎は油表面全体に広がりそうですが、芯のところだけが燃え続けています。「ロウソクはさらに不思議です。ロウは室温だと『固体』ですから、液体と違って動くことができないはずです。どうして固体が炎のあるところまで上がっていけるのでしょう？」

　言われてみれば確かに不思議ですね。ファラデーは、聴衆がつい引き込まれてしまうような疑問を投げかけたのでした。

コラム

ファラデーとクルックス

ファラデーは1791年に、鍛冶屋の三男としてロンドン郊外で生まれました。家が貧しかったため、小学校を卒業した後、製本店の見習工となります。製本の仕事の合間に、ファラデーはたくさんの本を読みました。百科事典の製本をしている中で、ファラデーは「電気」を知ります。ファラデーは百科事典に書いてある電気の実験を自分でも行いました。科学に魅せられたファラデーは、製本工として働きながら、科学の勉強を続けます。

ファラデーが21歳になった年、製本店のお客さんが、科学者ハンフリー・デーヴィーの講演のチケットをプレゼントしてくれました。イギリス王立研究所で行われた講演を聞き、深く感銘を受けたファラデーは、300ページもの講演録を作成し、自分の科学への思いをデーヴィーに伝えます。その後、デーヴィーの助手となり、電磁気学、有機化学など、さまざまな科学分野で次々と業績を上げていくのです。

「ファラデー効果」「ファラデー定数」「ファラッド」など、ファラデーの名に由来する科学用語はたくさんあります。小学校しか卒業していないファラデーは、その後の絶え間ない努力と、圧倒的な実験時間、そして科学に対する熱意により、「科学史上、最も影響を及ぼした科学者の一人」となりました。

さて、"The Chemical History of a Candle"は、そんなファラデーの6回講演を、ウィリアム・クルックス（1832〜1919年）という人物がまとめて本とし、出版したものです。クルックスは、真空中で電子線を見られるようにした「クルックス管」を1875年に発明した科学者です。後に、クルックス管での実験を続けた

J.J.トムソンらにより、負の電荷を持つ粒子として電子が発見され、科学はさらに進歩しました。

　下記にご紹介するのは1861年、28歳だったクルックスが書いた"The Chemical History of a Candle"序文の要約です。ファラデーの講演を聞いて抑えきれなかった、科学への熱い思いにあふれています。同年にクルックスがタリウムを発見したのは、このような熱意があってこそでしょう。

　　その昔、原始的なたいまつが人々を照らしていました。今は、パラフィンロウソクが私たちを照らします。

　　素焼きの器の中でドロッとした液体を燃やす極東のランプ、荘厳な祭壇の上に輝く大きなロウソク、そして、私たちの街を照らすガスランプ……。さまざまな方法で、人は火を使い、灯りを得ています。

　　歴史上、「なぜ火は燃えるのか?」ということに思いを巡らせた人は、数多くいたことでしょう。そのような人々の献身により、少しずつ少しずつ、「燃焼」についての知識が積み重なり、謎が解明されたのです。

　　この本の読者の中にも、人類の知識を増やすために身を捧げる人がいるはずです。科学の炎は燃え上がらなければなりません。"炎よ、行け"(Alere flammam.)

第1講

ロウソクはなぜ燃える？

A CANDLE : THE FLAME—ITS SOURCES—
STRUCTURE—MOBILITY—BRIGHTNESS.

序に代えて

　演台に立ったファラデーに、聴衆の視線が集まりました。

　「皆さん、よくお越しくださいました。これから『ロウソクの科学』についての連続講演をさせていただきます。1848年のクリスマスレクチャーでもこのお話をしたことがありますが、許されることなら、私は毎年同じお話をしたいくらいでした」

　「このお話は、非常に面白く、科学のさまざまなことがわかる素晴らしいものです。ロウソクが燃える現象には、この宇宙を支配する法則がすべて関わってきます。皆さんが、自然哲学（科学）を勉強するにあたって、1本のロウソク以上に素晴らしい教材はありません。ですから、以前と同じテーマを選んだからといって、皆さんをがっかりさせることはないと信じています」

　「この講演について、最初にお断りしておかなければならないこ

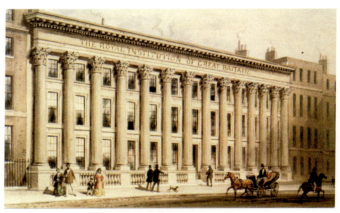

1799年に設立されたイギリス王立研究所（図は1838年頃のもの）。ファラデーはこの屋根裏に長年暮らし、研究に明け暮れた。講演もここで行った
図：Thomas Hosmer Shepherd

第1講 ロウソクはなぜ燃える?

とがあります。この偉大なロウソクの話を、私は真摯に、厳密にそして学術的に扱うのですが、大人の聞き手を想定して話すことはしません。私自身、一人の若者のつもりで、若い方に向けてお話ししたいと考えております。この場でお話しするときは、いつもそのようにしてきましたし、今回もそうさせていただきたいと思います。この講演は、世間に公表されるものだということは承知しておりますが、かといって、堅苦しい話し方はせず、親しみを込めて、くつろいだ調子でお話ししていきたいと思っています」

　イギリス屈指の科学者として著名であったファラデー。講演の聴衆の中には、身分の高い人や、名の知れた科学者も多かったはずです。でも、ファラデーは、「どんなことが起こるのだろう?」と期待に胸を膨らませている少年少女を含め、ファラデーの講演を楽しみにしてきた一般の人々に対して、優しく話しかけたのです。

王立研究所内の講演場 (写真は現代のもの)。所内には他に、1973年に開設されたファラデー博物館があり、ファラデーが電磁誘導を発見したときに使っていた装置などが展示されている
写真:AnaConvTrans

ロウソクは何からできている？

　小さな木片を手に、ファラデーは続けます。「さて、少年少女諸君、まずは皆さんに、ロウソクは何からできているかをご説明します。私がここに持ってきた、この木の切れ端。これはアイルランドの沼地でとれるロウソクの木です。硬くて丈夫という優れた木材なので、力のかかる部品に使われています。そしてロウソクのように、明るい光を放ちながら、よく燃えるのです。ですから、地元の人はこれをたいまつにします。この小さな木片は、ロウソクで起こる化学変化の仕組みを非常に美しく見せてくれます。『燃料を備え、その燃料が化学反応の起こる場所に運ばれ、規則的かつゆるやかに空気が供給されて光と熱が発生する』。このようなことが、この小さな木片で起こります。まさに、天然のロウソクです。でもここでは、街の店で売られているロウソクについてお話ししましょう」

　そう言ってファラデーは、「ディップ」式のロウソク、つまり、熱して溶かした牛脂の中に、糸を「ひたして」作られたロウソクを取り出し、その製造工程を語り始めます。

　昔の抗夫たちは、ロウソクをディップ式で自作していました。小さなロウソクは大きなロウソクより引火の危険性が小さいと考えられていたことと、経済的な理由から、1ポンド（約454グラム）の牛脂で20〜60本ものロウソクを作っていたようです。しかしながら、炭坑内で爆発性のガスが出たり、粉状になった石炭、つまり「炭塵」が空気中に舞っていたりすると、どんな火も大きな爆発につながります。ロウソクを小さくしても爆発は防げないのです。そのため、1810年代から、ロウソクまたはランプの火を金属の網で覆った「デーヴィー灯」がよく使われるようになりました。

第1講　ロウソクはなぜ燃える?

牛脂で作ったディップ式ロウソク。温度が高い場所では柔らかくなり、扱いにくくなる。材料があれば作るのは容易だが(次ページ参照)、不便もあっただろう

前ページに記載したロウソクの製作工程。湯せんで溶かした牛脂に、芯となる糸をひたす。取り出して冷まし、再度、牛脂にひたすということを繰り返して、どんどん太くしていく

クリスマスに向け、伝統的な方法でロウソクを作る現代の男性（イタリア）。たくさん作る場合、このように垂らした糸にロウをかけていくことも昔から行われている
写真：istock.com/Paolo Paradiso

　ディップ式ロウソクについて一通り説明したファラデーは、ひび割れたロウソクを人々に見せました。「これは1782年に沈没したロイヤル・ジョージ号の中にあったディップ式ロウソクです。1839年に取り出されるまで、長い間、海に沈んでいて塩水の影響を受けています。このように、ひび割れがあり、あちこち欠けていますが、火をつけると何の問題もなく燃えていきます。ロウソクが、保存がきくものだということがおわかりになったでしょう」
　牛脂を使ったロウソクは、ベタベタし、燃えカスも残るものでした。その後、フランスの科学者ゲイ・リュサックが、牛脂から

第1講 ロウソクはなぜ燃える?

油に糸を垂らして火をつけると、ランプのように燃える。火は油の表面に広がることはない

火は空気中に出ている部分で燃える。芯が油の中に沈むと、火は消えてしまう

21

綺麗なだけでは役に立たない

　ファラデーは風よけを置き、ロウソクに風があたらないようにして、火をともしました。静かに燃え続けるロウソクの上面には、お碗かカップのような形のくぼみができていきます。
　「皆さんがお気づきのように、ロウソクに美しいくぼみができました」
　なぜ、くぼみができるのでしょうか？
　ロウソクが燃えると、熱が発生し、空気が温まります。高い温度の空気は低い温度の空気よりも軽くなるので、上にのぼっていきます。のぼった空気のあったところには、周りから空気が入り込み、また温められて上にのぼっていきます。ロウソクの周りには空気の流れ（気流）が発生するのです。下から入り込む空気はロウソクの外側を冷やすので、炎に近い中心部が溶けても、

ロウソクが燃えてできた熱で、周りには上昇気流が発生する。結果としてロウソク上面にくぼみができ、液体のロウが燃料としてたまる

第1講 ロウソクはなぜ燃える?

縁の部分は残りやすいのです。こうして、溶けて液体となったロウをたたえるくぼみができたのですね。しかし、話はそれで終わりません。

「もし、この燃えているロウソクにそっと風を送れば、炎が倒れて縁のロウを溶かし、液体のロウがこぼれるでしょう」。すると、こぼれたロウがついて固まった部分は厚くなり、溶けにくくなります。そうして綺麗なくぼみができなくなり、空気の入り方が均一でなくなって、燃え方が悪くなるのです。

「ロウソクには美しい色がついているもの、美しい飾りが施されたものがあります。見た目は本当に素晴らしい。しかしながら、不規則な変形のあるロウソクは、くぼみを作ることができないのです。くぼみを作らないロウソクは規則正しい上昇気流を作り出さず、燃え方が非常に悪くなります。私たちのためになるものは、外観が美しいものではなく、実際に役に立つものなのです」

風によって炎が揺れると、くぼみのヘリに炎があたり、ロウが溶ける。そこから液体になったロウが流れ出ていってしまう

23

見事な装飾が施され、見た目の美しいロウソクでも、綺麗なくぼみができず、燃え方が悪いならば、失敗作と言えます。ファラデーは失敗することの意義について語りました。

　「しかし、『失敗』は大切です。失敗しなければわからなかったことを、私たちに気づかせてくれます。何らかの結果を得たときにはいつも、特にそれが新しい現象であったときには『こうなった原因は何だろう？　どうしてこうなったのだろう？』と考えることを忘れないでください。疑問を持って、考え続け、その理由を見つけていくことで、私たちは自然哲学者（科学者）となるのです」

　「さて、ここでロウソクについて、もう一つ、解決しなければならない疑問がありますね。それは、この溶けた液体がどうやってくぼみから出て、芯をのぼり、燃焼の場所にたどりつくかということです。ロウソクの炎は固体のロウの部分まで下がっていくことはありません。正しい場所で、最後まで燃え続けているのです。炎は、くぼみの中にある液体からは離れています」

　「最後の瞬間まで、一つの部分が他の部分に役立つように調整されている」点で、ロウソク以上に素晴らしいものを知らないとファラデーは言うのでした。

　燃えているロウソクをよく見てみましょう。ロウソクの炎は、ロウから少し離れたところで燃えています。固体であるロウは、炎の熱によって液体になります。

「炎はどのように燃料をとらえるのでしょうか？　それは『毛細管現象』によるのです」

　ファラデーは毛細管現象を説明するために、食塩を使った実験（p.26参照）を行いました。

　「青い液体をロウ、食塩の柱をロウソクの芯だとしましょう。ほら、青い液体は柱をのぼっていきます」

第1講　ロウソクはなぜ燃える？

　毛細管現象とは「細い管状をした物体の中を、液体がのぼっていく現象」のことです。現代のご家庭であれば、水を入れたカップにティッシュペーパーをつけてみることで、簡単に見ることができます。水はティッシュペーパーをのぼっていきますが、なぜこのようなことが起こるのでしょうか？

　ファラデーは、物体内の隙間を水がつたっていく例をさらに挙げていきます。「手をふいた後のタオルを、水の入った洗面器の縁にうっかりかけてしまったら、タオルによって水が洗面器の外へ運び出されてしまいますね。水同士が引っ張り合って、タオルの中にある細い隙間をつたっていくからです。ロウソクでも同じように、木綿芯の中を、ロウの粒がお互いの相互引力によって、後から後から続いてのぼっていくのです」

炎の位置はロウから少し離れている。溶けたロウ（液体）がそのまま燃えているわけではない

青い食用色素を加えた水にティッシュペーパーを入れると、水は上にのぼっていく。これは、パルプ繊維の隙間を水がつたっていくため

| TRY 1 | 重力に逆らってのぼる液体

高く盛った塩で毛細管現象の威力を目のあたりにできるこの実験。ファラデーとほとんど同じ方法で、気軽に試せます。

◆ 用意するもの
食塩、熱湯、食用色素、皿（縁があるもの）、量り、計量カップなど

◆ 手順
1. 熱湯100ミリリットルに食塩40グラムを溶かす。溶けきれなくて、少し食塩が残ってもよい。室温に冷めるまで置く。
2. 1に食用色素（微量）を加え、色をつける。
3. 皿の上に食塩をできるだけ高く盛る。
4. 3の皿に、2を静かに注ぐ（ⓐ～ⓑ）。

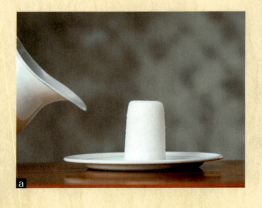

第1講 ロウソクはなぜ燃える?

固体から液体、そして気体へ

　燃えているロウソクを逆さまにすると、溶けていたロウが速く芯の先にたどりつきますが、炎は消えます。燃料であるはずのロウがなぜ火を消すのでしょう？

　ファラデーは語ります。「ロウには、固体、液体の他に、もう一つの状態があることを知っておかなければなりません。そうでなければ、ロウソクの原理を十分に理解していただくことができないのです」

　ロウは固体や液体のままでは燃えません。振り返ってみましょう。固体のロウは、炎の熱によって液体になり、毛細管現象で芯をのぼるのでした。そして、炎に近づいた液体のロウが十分熱せられると、気体となって燃えるのです。ロウソクを逆さまにすると、ロウが気体にならず、燃え続けることができません。

　気体になったロウを「見る」実験をファラデーは行います。「ロウソクを吹き消すと、蒸気が立ちのぼるのがわかりますね。ロウソクを消したときの嫌な臭いはその蒸気のせいです。上手に吹き消すと、液体のロウが気体になっているのがわかります。ゆっくりと静かに息を吹きかけてロウソクを消します」

　ファラデーは、ロウソクの炎を揺らさないように吹き消してから、すぐに別の小さなロウソクの炎を近づけました。その間は5〜7センチメートルもあいているのに、消えていたロウソクが再び燃え始めます。ロウソクからロウソクへと火がつながったのです（p.30参照）。

第1講　ロウソクはなぜ燃える？

▶ 物質の三態

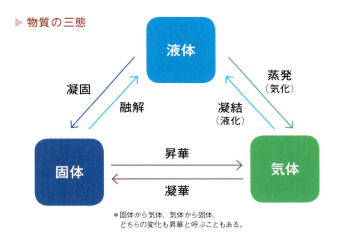

＊固体から気体、気体から固体、
どちらの変化も昇華と呼ぶこともある。

▶ ロウソクが燃える仕組み

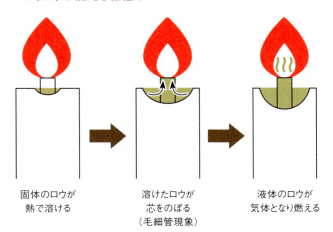

固体のロウが熱で溶ける　→　溶けたロウが芯をのぼる（毛細管現象）　→　液体のロウが気体となり燃える

│ TRY 2 │ つながる炎

「気体になったロウがあるからこそ、ロウソクが燃える」ということを確かめてみましょう。大きめのロウソクの火を吹き消した後、火のついた小さなロウソクを近づけると、写真 a〜c のような現象が一瞬で起こります。

◆ 用意するもの

大きめのロウソク、小さなロウソク、着火ライター、ロウソク立てなど

◆ 手順
1. 大きめのロウソクに火をつける。
2. 小さなロウソクにも火をつける。
3. 大きめのロウソクをそっと吹き消す。
4. すぐに小さなロウソクを、大きめのロウソクから5〜7センチメートルのところまで近づける（a〜c）。

＊強く吹き消すと、気体のロウも吹き飛んでしまうので、そっと吹き消します。
＊3〜4の手順は、気体のロウが近くに残っている間に、手早く進めるのがポイントです。

第1講 ロウソクはなぜ燃える?

C

炎の輝きの美しさ

　再びロウソクをともして、ファラデーは語ります。

　「金や銀にはキラキラとした美しさがあります。ルビーやダイヤモンドも美しく光ります。でも、それらはいずれも炎の輝き、そして美しさにはかないません。どんなダイヤモンドが炎のように輝くことができるでしょう？　ダイヤモンドが、夜、光ることができるのは、炎のおかげです。炎は暗闇で光り輝きますが、ダイヤモンドは炎が照らさなければ光りません。しかし、ロウソクは、自分自身の力で光り輝き、自らを照らし、ロウソクを作った人をも照らすのです」

　ロウソクの炎の形を眺めてみましょう。上の方がすぼまっていますね。色と輝き方をよく見てみましょう。芯の周りはやや暗く、炎の上の方が明るくなっているのがわかります。

　ファラデーは、フーカーという人物が描いた小さな炎の絵（下図）を見せて語ります。

ロウソクの炎は、必ず上がすぼまっている。芯の周りは暗く、上の方は明るく光っている

フーカーの描いた炎。温められた空気が上にのぼっていく様子が描かれている

第1講 ロウソクはなぜ燃える?

「この絵には、目には見えないもう一つの真実の姿が描かれています。炎の周りを相当量の物質が上昇している姿です。この空気の流れによって、ロウソクの炎は上に引き上げられているのです。目には見えないこの流れは、ロウソクに火をつけて日向(ひなた)に出し、影を落としてみるとわかります」。ここでファラデーはスクリーンと電灯を用意し、ロウソクの影を作り出します。光り輝くロウソクの炎。その影はどのようなものでしょうか?

「不思議なことに、炎の影で一番暗く見えるのは、ロウソクの一番明るい部分です。そしてここに、フーカーさんの絵のように、熱い空気が上にのぼっていっているのが見えますね。この上に向かう空気の流れが炎を引き上げ、炎に空気を供給し、溶けたロウの縁を冷やし、くぼみを作っているのです」

炎に温められた空気は、上へのぼっていきます。そのため、炎は引き上げられるのです。でもなぜ、明るい炎の影が暗く見えるのでしょう? それは、ここでは説明されません。次回の講演で明らかになります。

明るく見えるロウソクの上部だが、スクリーンに映った影は暗い。影ができるのは、何かが光をさえぎるからだ

そしていよいよ、1日目の講演最後のテーマに移ります。
「大きな綿の玉にアルコールを染み込ませます。綿の玉はロウソクで言えば芯と同じ、アルコールはロウと同じとお考えください。火をつけると、燃え方はロウソクとずいぶん異なります」
　あちこちから「舌」のような小さな炎が立ちのぼります。空気の流れが一定ではないので、炎が一つにならず、いくつもの舌のようになります。燃え方もロウソクよりも活発です。

綿の玉にアルコールを染み込ませて燃やすと、さまざまな形の炎が見える。いずれも上に向かって伸びている。ロウソクと違って、一定の形をとらず、刻一刻と形を変える

「ロウソクとは異なる燃え方ですね。もう一つ、実験をしてみましょう。皆さんの中には『スナップドラゴン』で遊んだことがある方もいらっしゃるのではないでしょうか?」

ファラデーの時代には、クリスマスの頃、火の中のドライフルーツを取って食べるという「スナップドラゴンゲーム」が行われていました。炎に手を入れられるかどうかで度胸試しをする、危ない遊びだったようです。ファラデーは、干しブドウにブランデーをかけて燃やす「スナップドラゴン」を実演します(次ページ参照)。

「よく温めたお皿の中に、やはり温めておいた干しブドウを入れます。ここにブランデーを注ぎます。干しブドウは芯、ブランデーは燃料になります。火をつけてみましょう。美しい炎の舌が見えますね。空気がお皿の縁から入り込んで、このような舌を作っているのです」

「なぜでしょう? 炎によって上昇気流ができたうえに、空気の流れが不規則になったためです。そのため、炎は一つとなれず、複数の炎となり、それらが別々に燃えているのです。多くのロウソクが燃えているのと同じなのです」

ファラデーは燃え方が違う、すなわち形の異なる炎が合わさって、一つの大きな炎のように見えていることを説明します。そして、どのような形の炎ができているかを絵でも見せました(下図)。

ファラデーが図示した炎の形。小さな舌のような形がたくさんできている。さまざまな形の炎が同時に存在し、非常に活発に動いているように見える

| TRY 3 | 炎の「美しい舌」

ブランデーを燃やすと青い炎が出ます。非常に綺麗ですが、やけどの危険があるので、見るだけにしましょう。干しブドウを取り出すのは火が消えてから。

◆ 用意するもの
干しブドウ、熱湯、ブランデー、着火ライター、高熱や直火に耐える皿（縁のあるもの）など

縁がしっかりしている皿を使い、干しブドウとともに温めておく

◆ 手順
1. 大きめの干しブドウ5〜6個を皿に入れ、熱湯を注いで全体を温める。
2. 1の熱湯だけを捨て、ブランデーを注ぐ（干しブドウがかぶるくらいまで）。
3. 火をつける。

＊皿や干しブドウが冷たいと、ブランデーのアルコール分が気化するのに時間がかかるため、火がつきません。

第1講 ロウソクはなぜ燃える?

ブランデーについていた火が消え、聴衆の視線がファラデーに戻りました。

　「今日は、残念ながらスナップドラゴンゲームから先に進むことができませんでした。どのような状況であっても、皆さんをお約束の時間以上に引き留めてはなりません。次回からは、実験による例示に時間をかけるよりも、もっと厳密に科学に関することに時間を費やすようにいたします」

　ファラデーは「1時間以上になると聴衆の集中力が続かない」として、講演をきっちり1時間で終えることにしていました。一般の人にとって「ロウソクの科学」のような話は、説明を耳で聞くだけでなく、ときどき実験を目で見た方が理解しやすく、また面白く感じるでしょう。ですが実際のところ、多様な実験を続けざまに、そして時間通りに進めるのは難しいものです。スムーズに進行するために、ファラデーが準備にかける時間は膨大なものでした。

　1日目の講演では、ロウソクは、燃料となるロウと燃えるための芯が必要なこと、固体であるロウが炎の熱で溶けて、液体となり芯をのぼり、そこで気体となって燃焼することが、明らかにされました。

　でもあえて、明らかにされなかったことがあります。なぜロウソクの炎の内部と外側で色が違うのでしょう？　なぜ明るく見える場所が暗い影を作るのでしょう？

　いくつかの疑問を残したところで、この日は終了します。

▶ 第1講でわかった燃焼の仕組み

コラム
ロウソクについて

　ロウソクは古代エジプトでも存在したとされており、ヨーロッパでは19世紀頃まで、日本でも昭和の頃まで、日常的に使われていました。しかし現代の私たちは、明るく手軽で、火事の心配も少ない電気照明に恵まれています。読者の皆さんには、ロウソクといっても「誕生日、または神事や仏事のとき、あるいはアロマキャンドルぐらいでしか使わない」という方が多いはずです。

　ただ、どこかでその1本がともされているところを見る機会があれば、じっくり観察してみましょう。古今東西、さまざまなロウソクが作られていますが、炎の形は似ています。炎の熱によって生まれる上昇気流によって、上に向かって伸びています。

　ちなみに、クリスマスが近づくと、下の写真のようなロータリーキャンドルホルダーが売られていることがあります。ロウソクをともすと、天使などのプレートがゆっくりと回る飾りです。ロウソクをともすことで生じる空気の流れを利用しています。

ロウソクの形、色、そして大きさは違うが、炎の形はだいたい同じ。また、それぞれに明るいところや暗いところがある

クリスマスに飾られるロータリーキャンドルホルダー

第2講

ロウソクはなぜ輝く?

BRIGHTNESS OF THE FLAME—AIR NECESSARY
FOR COMBUSTION—PRODUCTION OF WATER.

ロウはどこへ行った？

　2回目の講演を、ファラデーは次のような言葉で始めました。

　「前回はロウソクの液体部分の特徴や、燃焼している場所へとどのようにのぼっていくのかということについてお話ししました。そして今日は、炎の各部分にどのようなことが起こるか、どうして起こるのか、何が起こっているのか、最後にロウソクはどこへ行ってしまうのかということをお話ししたいと思います」

　ロウソクは燃えた後、姿を消してしまいます。ロウはどこに行ってしまったのでしょう？　ファラデーは曲げたガラス管を使って、説明していきます。

　「ロウソクを注意深く観察しましょう。ロウソクの炎の中心に暗い部分がありますね。ここにガラス管を差し込んでみます。何かが出てきました。これをフラスコに集めると、何か重いものが、下の方にたまっていくのがわかります」

　「これは、ロウが蒸気になったものです。ロウソクを吹き消したときに嫌な臭いがするのは、この蒸気のせいです。ロウソクはこの蒸気が燃えているのです」

　ロウの蒸気は、ガラス管を通って、フラスコの下にたまっていきました。ロウソクの炎の中にロウの蒸気があることが、この実験で確かにわかりました。

　次にファラデーはロウをフラスコに入れ、温めました。ロウは溶けて液体となり、蒸気が立ちのぼります。そして、フラスコから出る蒸気に火をつけると、ロウソクのように燃えました。この実験で、ロウが温められて蒸気になり、蒸気になったロウは燃えることが確認できたのです。

第2講 ロウソクはなぜ輝く?

ロウソクの芯の近くにガラス管を差し込むと、管の反対側から白くて重い気体が出てくる。これはロウが気体になったもの

ロウソクを「引く」

　次にファラデーは、また曲がったガラス管を取り出しました。先ほどのものとは形が違います。

　「炎の中に細いガラス管を差し込んでみます。この管の反対側の口に火をつけてみましょう。ほら、燃えましたね。これはとても見事な実験だと思いませんか？　よく『ガスを引く』と言いますが、私たちは今、『ロウソクを引いた』のです！」

　これで、ロウソクの炎に、二つの働きがあることがわかりました。「一つは蒸気の生成、もう一つは蒸気の燃焼です。この二つのことが、ロウソクの炎の決まった場所で起こっているのです」

　ロウソクの炎の中心部にガラス管を差し込んだときには、蒸気を取り出すことができました。しかし、炎の先の方にガラス管を動かすと、蒸気が出てきません。「そこでは蒸気がすでに燃えてしまっていて、残されたものは、もはや燃えないのです」とファラデーは説明します。

　「蒸気が出ている場所は、炎の中心部、つまり芯のあるところに限られています。炎の外側では、周りにある空気とロウの蒸気が激しい化学反応を起こし、光を出しているのです。私たちが光を得ているとき、ロウの蒸気は失われていっているのです」

　ガラス管でロウソクの炎からその蒸気を取り出せるのは、芯のすぐそばだけです。炎の上の部分には、ロウの蒸気が存在していません。

「次に、ロウソクの熱がどこにあるのかを調べてみましょう」。

　ファラデーは、ロウソクの炎の中に紙を差し込みました。あっという間に一つの黒い環ができました（p.46参照）。

第2講 ロウソクはなぜ輝く?

芯のすぐそばにガラス管を差し込むと、管の反対側からロウの蒸気が出てくる。火を近づけると燃える

「この環ができている部分が、化学反応の起きている場所です。熱がある場所もこの黒い輪の部分ですよ。ご覧の通り、中心部ではないのです」

このような実験は、聴衆が自宅でもできるものだとファラデーは告げます。

‖ TRY 4 ‖ 炎の熱のありか

厚紙を炎に差し込めば、熱のありかがわかります。細い紙ひもは燃えすぎてしまうので、割りばしに代えて行う方法をご紹介します。

◆ 用意するもの
ロウソク、厚紙、割りばし、着火ライター、ロウソク立てなど

厚紙は、名刺作成用の紙などを使用する。薄い紙だとすぐに燃えてしまうので危険

◆ 手順
1. ロウソクに火をつける。ロウソクが静かに燃えるよう、風があたらないようにする。
2. 厚紙を水平に持ち、ロウソクの炎の中心に入れて、すぐ抜き取る（**a**～**b**）。
3. 割りばしを炎の中心に入れて、すぐに抜き取る（**c**～**d**）。

＊一瞬で黒くなります。長く入れていると燃えてしまうので、注意しましょう。

第2講 ロウソクはなぜ輝く?

「1本の紙ひもを用意してください。この紙ひもでロウソクの炎の中心を横切らせてみましょう。紙ひもの2か所が燃えますが、真ん中のところは燃えていません。燃料と空気が一緒になるところに熱があるということが、おわかりになると思います。非常に面白いはずです」

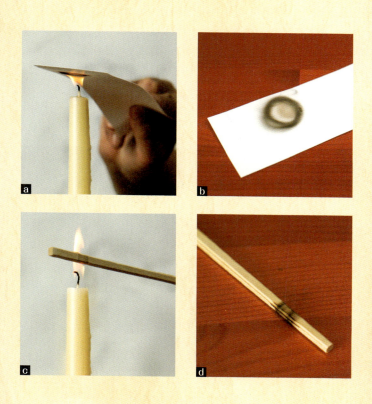

燃えるためには新鮮な空気が必要

　ロウソクの炎の中で、化学反応が起こって熱があるところは、中の方ではなく、外側であることがわかりました。すなわち、空気と接している部分だったのです。

　「ロウソクの燃焼を科学的に考えていくうえで、どこに熱があるかを知ることは、とても大切です。そして、空気は、燃焼のためには絶対に必要なのですが、空気であればいいというものではなく、新鮮な空気でなければならないということも、皆さんに理解していただかなくてはなりません。そうでなければ、私たちの推論や実験が不完全なものとなってしまいます」。そう言って、ファラデーは広口ビンを取り出しました。

　「ここに空気の入ったビンがあります。これを火のついたロウソ

火のついているロウソクに、ビンをかぶせる。かぶせてしばらくは空気中と同じように燃えている

48

第2講 ロウソクはなぜ輝く?

クにかぶせてみましょう。よく燃えていますね。でも、変化が起きてきました。ご覧ください。炎が消えそうになって、上に長く伸びました。そして、とうとう消えてしまいました」

どうして消えたのでしょうか? ビンの中には空気が残っているように見えます。ただ、その一部は変化してしまっていて、ロウソクが燃えるための「新鮮な」空気が足りなくなったのです。

新鮮な空気が足りないまま、ものを燃やそうとするとどうなるのでしょうか? ファラデーは、木綿の玉にテレピン油を染み込ませたものを使って実演します。

「大きな炎の実物が欲しいので、それをこれから作ります。この木綿の玉は大きな芯です。ここに火をつけます。芯が大きいので、空気がたくさん必要です。空気が十分になければ、不完全な燃焼になります」

しばらくすると、炎が小さくなってビンの内側が曇ってくる。炎はどんどん小さくなり、消えてしまった

「見てください。黒いものが立ちのぼってきましたね。木綿の玉の外側には新鮮な空気がありますが、内側では新鮮な空気が不足しています。新鮮な空気が足りずに不完全燃焼となる場合には、黒い煙、すなわちスス（煤）が炎の外に出てきます」

　ロウソクの炎の中に紙を差し込んだとき、黒い環ができました。あれもスス、つまり炭素だったとファラデーは明かします。

　「ロウソクは炎を伴って燃えます。でも、燃焼というものは、いつも炎を伴って起こるものなのでしょうか？　それとも、燃えていて炎がないということがありうるのでしょうか？　次に実験してみましょう。私たち若い研究者にとっては、対照的な結果ではっきりさせるのが一番です」

テレピン油を染み込ませた綿を燃やすと、黒い煙が出てきた。空気が中まで入り込めず、不完全燃焼となったからだ

第2講 ロウソクはなぜ輝く?

炎を伴う燃焼、炎を伴わない燃焼

ファラデーは火薬と鉄粉を用意しました。

「皆さんは、火薬が炎を上げて燃えることをご存じでしょう。火薬には炭素や、その他いろいろな物質が混ざっていて、それらが一緒になって、炎を上げて燃えるのです。さて、ここに、粉末状にした鉄の削りくずがあります。これを火薬と混ぜて燃やすとどうなるでしょう?」

これは危険な実験です。ファラデーは「皆さんは、くれぐれもまねをしないでください。注意深く取り扱えば大丈夫ですが、そうでないと大事故になるでしょう」と、釘をさすのを忘れませんでした。

「さて、ここにある小さな木の器にほんの少し、火薬を入れ、鉄粉を混ぜます。私は、火薬によって、鉄粉に火をつけたいと思っています。火薬は炎を上げて燃えますが、鉄粉は炎を上げずに燃えます。私が火をつけましたら、皆さんはその違いをよくご覧ください」。そう言ってファラデーは、火薬と鉄粉の混合物に火をつけます。

「火薬」とは、熱や衝撃などによって急激な化学反応を起こす物質のことです。ファラデーが使用した黒色火薬には、硝酸カリウムが60〜80%、硫黄が10〜20%、木炭が10〜20%の割合で含まれていたと考えられます。火がつくと、硝酸カリウムが硫黄や木炭と一気に反応し、炭酸ガス(二酸化炭素)、窒素といった気体と熱が発生します。黒色火薬を密閉容器の中で燃やすと、気体がその中におさまりきらずに爆発します。密閉せず、静かに燃やせば、炎を上げるだけです。

鉄はそのままでは燃えませんが、鉄粉のように細かくされて、

51

空気に触れる表面積が大きくなると燃えます。鉄粉と火薬を混ぜて燃やすと、火薬は炎を上げて燃え、その熱で鉄粉も燃えるのです。

「火薬は炎を上げて燃え、鉄粉は明るく光って飛び上がっているのがご覧いただけるでしょうか? 鉄粉は燃えているのに、炎を作らないこともおわかりになったと思います。私たちは照明としてオイルランプやガス、そしてロウソクを使いますが、それは、それらが炎を作る燃焼方法をとるからなのです」

現代の私たちは、火薬と金属の燃焼を、「花火」として楽しんでいます。花火の中には火薬の他に、金属の粉が入っています。花火は金属が燃えるときの色や光と、火薬の炎が合わさってできているのです。ストロンチウムは赤、バリウムは緑、銅は青緑の色を示します。

火薬を使う代わりに、木綿を燃やして炎を作り、鉄粉を加えたところ。鉄粉からは炎が出ず、火花が舞っているように見える

第2講 ロウソクはなぜ輝く?

火薬の他に、金属の粉を燃やすことで、さまざまな色や光を出す花火

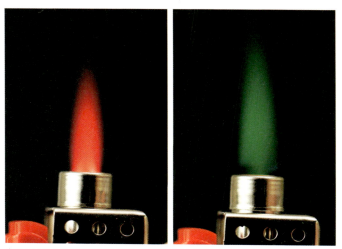

炎をストロンチウム線に通すと赤に、銅線に通すと青緑になる。花火はこのような「金属の炎色反応」を利用して、色をつけている

TRY 5 | 鉄を燃やす

ファラデーの講演から約半世紀後、鉄を非常に細く切って固めたスチールウールが使われるようになりました。ほぐすと燃やすことができ、炎が出るかどうかを確かめられます。

◆ 用意するもの
スチールウール、着火ライター、高熱や直火に耐える容器など

◆ 手順
1. スチールウールをほぐす。
2. 火をつける（a）。

たわしとして使われているスチールウールを用意

炎を上げて燃える粉

「燃焼のとき、炎を上げるものと上げないものを、見ただけで区別するには、非常に鋭くて細かな識別力が必要です。一つの例として、ここに非常に燃えやすい粉をお見せします」。そう言ってファラデーは、シダ類の胞子である石松子を指し示します。石松子は薄い黄色の粉末で、火をつけると炎を上げ、パチパチと燃えました。

「ご覧のようにとても細かい粒です。これは石松子というもので、熱すると粒の一つ一つから蒸気が発生し、火がつけば炎が上がります。実際に火をつけると、全体が一つの炎となります。パチパチという音がしますね？ これは、燃焼が連続的でも規則的でもないことの証拠です」

石松子（下）はヒカゲノカズラ（上）の胞子。粒が細かいため、現在も農業用の花粉増量剤として使われており、線香花火の材料とされることもあった
写真：istock.com/spline_x

石松子はそのままでは燃えませんが、空気中に舞っている状態にすると、火がつきます。同じようなことは身近な細かい粉、例えば小麦粉やコーンスターチ、粉砂糖でも起こります。また、石炭の粉末でも起こります（p.16参照）。粉は、体積に対して表面積が非常に大きいため、空気中に舞うと周りに酸素が多い状態となり、火気があると爆発的に燃焼します。1963年に死者458名を出した三井三池三川炭鉱事故も、炭塵（粉塵）による爆発が原因ですし、今でも年に数件、小規模な事故が起きています。

　ファラデーは続けます。「さて、話を戻しましょう。先ほどロウソクの炎の中心にガラス管を差し込むと、ロウの蒸気が出てきました。今度はもう少し高い位置、一番明るく輝いている部分にガラス管を差し込んでみましょう。今度は黒いものが出てきました。これに火を近づけてみます。消えてしまいました」

　その黒いものは、何でしょうか？　「これは、ロウソクの中に存在するものと同じ炭素です。ではこの炭素は、どのようにしてロウソクから出てくるのでしょうか？　皆さんは、ロンドン中をススとなって飛び回っているこの物質が、炎に美と生命とを与えていること、そしてこの物質が先ほどの鉄粉と同じようにロウソクの中で明るく燃えていることを信じてくださるでしょうか？」

　「鉄粉は明るく燃えました。蒸気の状態にならずに、ものが燃えるときには、非常に強い光が出ます。固体のままで熱せられると、非常に明るく輝くのです。ロウソクにも固体の粒があるので、炎は明るく輝くのです」。ロウソクが明るく燃えるのは、固体の炭素があるためだとわかりました。

　ロウソクより明るい光源としては、ファラデーの時代、水素と酸素、石灰を使って、非常に強い白色光を得る「ライムライト（石灰光）」がありました。舞台照明として使われていたようです。

第2講 ロウソクはなぜ輝く?

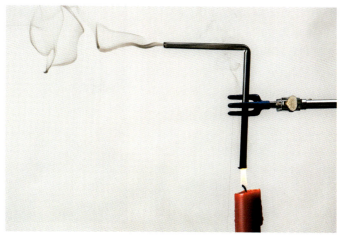

炎の先の方にガラス管を差し込むと、すぐにガラス管の内部が黒くなり、中から黒い煙が出てくる

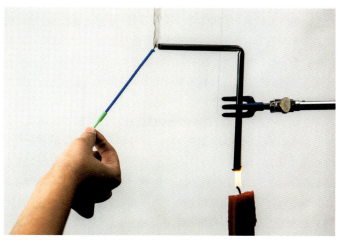

取り出した黒い煙にロウソクを近づけると、火が消えた

ファラデーは講演の場で、ライムライトを光らせます。「酸素と水素を混ぜて燃やすと、非常に高い熱を得ることができます。でも、光はほんの少しです。ここに、固体の状態でいられる石灰を入れると、ほら、なんと強く輝くことでしょう！ 電池で作られる光より明るく、日光にも等しい輝きです」

次にファラデーは炭素として、木炭のかけらを聴衆に見せました。「こ

の木炭は、ロウソクの成分として燃えるときとまったく同じ方法で光を出します。ロウソクの炎の熱はロウの蒸気を分解し、炭素の粒を放出します。炎の中で、この炭素が輝いているのです。そして、空気中に出ていくのです。ただ、燃えた炭素の粒がロウソクから出ていくときには、もはや炭素の形をしていません。まったく目に見えない物質となって空気中に散っていきます。こんなに順番通りに物事が進んで、木炭のように汚いものが白熱光を発するというのは、素晴らしいことではありませんか？」

そしてファラデーは、ここまでの結論として、「明るい炎は、すべてこのような固体の粒をその中に含んでいる」こと、「燃えて固体を生ずるものは、ロウソクのように燃えている間、もしくは火薬と鉄分のように燃えた直後に、すべて明るく美しい光を発する」ことを語り、リン、塩素酸カリウム、硫化アンチモンといった物質を燃やして、明るい炎を聴衆に見せます。

さて、ファラデーにはチャールズ・アンダーソンという実験助

第2講 ロウソクはなぜ輝く?

酸水素炎の代わりに、ガスバーナーで作った炎へと石灰の粉を吹き入れた。青く暗かった炎が明るく輝く

手がいました。アンダーソンは陸軍砲兵隊の退役軍曹で、非常に根気強く、ファラデーに忠実な人でした。ファラデーはアンダーソンを信頼しており、新しい実験を手伝うことを許されたのは彼だけだったようです。

「さて、ここにアンダーソンさんが炉に入れて十分に熱しておいてくださった『るつぼ』があります。この中に亜鉛の削りくずを少し入れてみます。ロウソクのように美しく燃えていますが、もうもうたる煙が生じていますね。また羊毛の雲のようなものができています。皆さんのところにも、この雲が飛んでいっていますね。これが『賢者の羊毛(the old philosophic wool)』と呼ばれていたものです。亜鉛は燃えると、このような白い物質になります」

ファラデーは、今度は水素ガスを使いながら、亜鉛のかけらを燃やしてみせます。燃焼中は、やはり強い光が出ました。さらに、亜鉛からできた白い物質を水素の炎に入れます。「ほら、美しく輝きますね。白い物質が固体だからです」

59

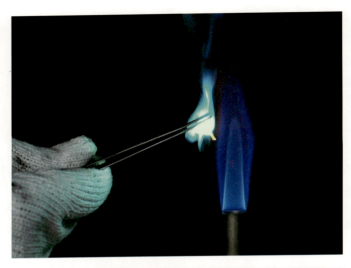

ガスバーナー(るつぼや水素の代わり)を使って亜鉛の削りくずを燃やしたところ。非常に明るく青白い炎が上がり、白い煙が出てくる

60

第2講　ロウソクはなぜ輝く？

　「ロウソクが燃えた結果、確かに何かができたのは、皆さんがご覧になった通りです。その一部は炭素ですが、それが燃えると別の物質ができて、空気中に散っていきます。どのくらい空中に出ていっているかを調べてみましょう」

　そのために、ファラデーは小さな熱気球を持ってきていました。現代でも、タイの「コムローイ」や新潟県の「つなん雪まつり」など、熱気球を空へ上げるお祭りが世界各地で行われています。熱気球の下で火を燃やして中の空気を温め、周りの空気より軽くして飛ばすという仕組みです。ファラデーの時代にも、同様に遊べるものがあったようです。「ここに、子どもたちが『ファイアーバルーン』と呼んでいるものを用意しました。この熱気球を使って、燃焼してできる『目に見えないもの』を測ってみましょう」

　ファラデーは、燃料となるアルコールを入れた皿を置き、燃焼時に出てくるものを集められるよう、筒を載せました。助手のアンダーソンがアルコールに火をつけます（次ページ参照）。「筒のてっぺんで、私たちが捕まえているものは、ロウソクの燃焼によって得られるものと同じです。ただし、アルコールが燃料なので、炎は光を出しません。この燃料には炭素分が少ないからです。では、ここで熱気球をかぶせてみましょう」

　熱気球はたちまち膨らみ始め、上にのぼっていきました。「ロウソクの燃焼でできるのと同じものが、筒の中を通り抜けて熱気球にたまっていきました。今度はロウソクにビンをかぶせましょう。ビンの中が曇ってきて、炎は弱くなってきました。燃えてできたものが、光を弱くしているのです。おうちに帰ったら、冷たいスプーンをロウソクの炎にかざしてご覧なさい。このビンが曇るのと同じようにスプーンも曇ります。この曇りは、水が原因であるということをお伝えして、今日は終わりにしましょう」

第2講 ロウソクはなぜ輝く?

▶ 第2講までにわかった物質の流れ

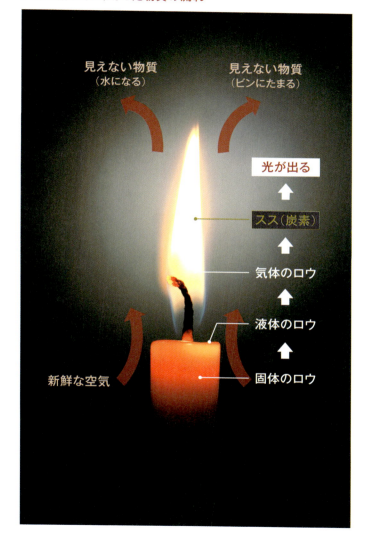

コラム
クリスマスレクチャー

　イギリス王立研究所のクリスマスレクチャーは、1825年にファラデーが始めて以降、第二次世界大戦中をのぞいて毎年開催されています。近年ではイギリスのテレビ放送で聴講する人も多い、人気イベントです。最近のものであれば、動画サイト「YouTube」の「The Royal Institution」チャンネルで視聴できます。ファラデーは1827〜1860年の間に、19回も講師を受け持ちました。彼の話したテーマは化学や電気を中心として多岐にわたり、その中で特に知られているのが、このロウソクを使った講演です。

　クリスマスレクチャーの趣旨について、1933年に講演したジェームズ・ジーンズは、その著書の中で以下のようにつづっています。「1世紀以上にわたって王立研究所は、著名な科学者を招いて『若い聴衆に向いた』スタイルで開かれてきた。実際にはこの『若い聴衆に向いた』の意味は、年齢で言えば8歳以上から80歳以下まで、科学知識で言えば8歳以上の子どもから、熟達した科学の教授や尊敬すべき学士院会員まで、熱心な人々や批判的な人々を相手にすることである」

　そう、クリスマスレクチャーは、科学に興味を持つすべての人のためのものなのです。

第3講

燃えてできる水

PRODUCTS : WATER FROM THE COMBUSTION—
NATURE OF WATER—A COMPOUND—HYDROGEN.

ロウソクからできたもの

前回の実験を振り返りながら、3回目の講演が始まりました。

「ロウソクの燃焼により、さまざまなものが生成されることを皆さんはご存じですね。この間の最後の実験で見たように、ロウソクから出てきた上昇気流の中にあるものの一つは、冷たいスプーンや皿にあたって凝結（液化）するものでした。そしてもう一つは、凝結しないで熱気球にたまっていったものでした」

「まず、凝結する方の成分は、面白いことに、それはまさに水、まぎれもない水なのです。前回、私はビンやスプーンが曇るのは水が原因だと申し上げました。今日は、この『水』に注目していただき、ロウソクとの関係を調べてみたいと思います」

そしてファラデーは、ある金属を取り出しました。「この金属は、ハンフリー・デーヴィー卿によって発見された物質で、水に対して非常に激しく作用します。これを使って水の有無を調べようと思います。この小さなかけら、カリウムを、水の入った容器の中に入れてみましょう」。カリウムは、すみれ色の炎を上げて燃え、水の上を動き回りました。

「こちらでは、氷と食塩を入れた器の下でロウソクが燃えています。水滴ができて器の底についています。この水滴もカリウムと合わせてみましょう。ほら、同じように火がつきましたね。ロウソクから水ができたのです」。カリウムは反応性が高く、自然界では単体で存在していません。19世紀初め、デーヴィーが水酸化カリウムを電気分解し、結晶として取り出すことに成功しました。ちなみに、カリウムという名前は、アラビア語の「植物の灰」という言葉に由来しています。

第3講　燃えてできる水

カリウムは空気中の水蒸気と反応し、自然発火する。そのため、不活性ガスや無水の鉱油中で保管する。柔らかい金属で、ナイフなどで簡単に切れる

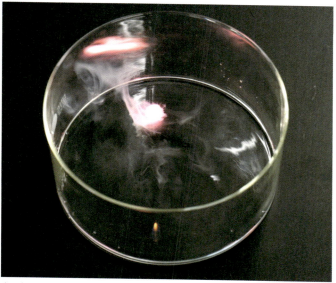

水の中にカリウムを入れると、すみれ色の炎を上げて水面を動き回る。カリウムは水と非常に激しく反応するため、水の有無を調べるときに使われた

同じ「水」

　ファラデーは水の話を続けます。

　「ガスやアルコールを燃やして作った水は、川や海から取って蒸留した水とまったく同じです。水はどんな状態でも『水』なのです。私たちは、水に混ぜものをしたり、混ぜたものから水を取り除いて、他の混ぜものを取り出したりすることができます。水は固体になったり、液体になったり、気体になったりすることがありますが、いつでも『水』なのです」

　川や海の水は言うにおよばず、水道水にも、カルシウムやマグネシウムなどが溶け込んでいます。そのような水を加熱し、出てきた水蒸気を冷やすと、純粋な水が得られます（右ページの図とp.75の写真を参照）。これが蒸留水ですが、燃焼によってできる水はそれと同じものなのだとファラデーは語ったのでした。

　そして、水の入ったビンを持ち上げます。「この水は、オイルランプを燃やして作った水です。1パイント（約568ミリリットル）の油を適切に燃やすと、1パイント以上の水ができます。こちらはロウソクをゆっくりと燃やして作った水です。こんなふうに、燃えるものはたいてい、それがロウソクのように炎を上げて燃えるのであれば、水を作るのです」

　ファラデーは、聴衆が自身でできることとして、冷えた火かき棒、あるいは金属製のスプーンかひしゃくをロウソクにかざして水滴を得る実験を勧めます。同様のことは、耐熱性のガラスコップでも可能です。燃えているロウソクの上にコップを逆さにしてかざしてみると、コップの内側が曇ってくるはずです。これは、ロウソクの燃焼により水ができているからなのです。

第3講　燃えてできる水

▶ 蒸留方法の例

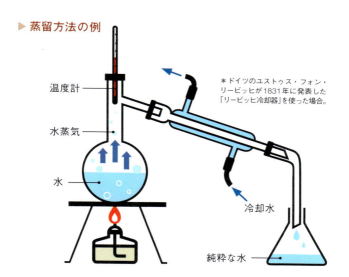

＊ドイツのユストゥス・フォン・リービッヒが1831年に発表した「リービッヒ冷却器」を使った場合。

耐熱性のガラスコップを逆さにしてロウソクの上にかざすと、コップの内側が曇る

燃えるものからできる水

「炎を上げて燃えるものなら、水ができる」。よく考えると不思議ですね。ファラデーは続けます。

・「水は、さまざまな状態で存在しているということをお話ししなければなりません。皆さんは水が、固体、液体、気体になることは、すでにご存じだと思うのですが、もう少し深く注意を払ってみましょう。ギリシャ神話で自分の姿を次々に変えるプロテウスのように、水はいろいろと姿を変えます。でも、ロウソクが燃えてできた水も、川や海から取り出した水も、物質としてはまったく同じ『水』なのです」

「水は最も冷えたときには氷になります。私たち科学者——皆さんも私自身も同じように科学者とさせてください——が、『水』と言うときには、固体・液体・気体のいずれの状態でも、化学的には同じ『水』です」とファラデーは念を押し、水が何でできているかを説いていきます。

「水は二つの物質が化合したものです。その一つはすでに私たちがロウソクの中から取り出したもので、もう一つはどこにでもあるものです。水は氷となるこ

海神・プロテウス。さまざまなものに姿を変えるため、捕まえることができないとされる

第3講　燃えてできる水

ともあります。つい最近、そのことを知る絶好の機会がありましたね。氷は水に戻ります。この変化のおかげで、先週の日曜日、私たちはひどい目にあいました。気温が上がったために、氷が水になり、大騒ぎになりましたね。そして、水は、十分に熱せられると水蒸気になります」

　ファラデーの言う「先週の日曜日に起こったこと」がどんなことだったのかは、気象データが残っていないため、わかっていないようです。気温が低くなって凍っていた水が、暖かくなって一気に溶け、雨漏りなどが起きたのかもしれませんね。

固体・液体・気体の水。さまざまな姿を持つ

「ここにある液体の水は、水として一番密度の高いものです。水は、状態によって、形、そして重さが変わります。冷却して氷になった水、熱して水蒸気になった水は、液体の水よりも体積が増えます。氷になるときは非常に奇妙かつ力強く、水蒸気になる場合には非常に大きくかつ素晴らしく、体積が増えるのです」

　ここでファラデーは、氷と食塩を入れた容器、鉄でできた頑丈なビンを用意しました。

　「水を氷にしてみましょう。食塩と砕いた氷を混ぜた中に、このビンを入れます。鉄でできている頑丈なビンです。厚さは3分の1インチ（約8.5ミリメートル）よりあるでしょうか。中にいっぱいの水を入れて、しっかりふたをしてあります。頑丈なビンですが、中の水が凍ると、鉄は氷を抑えきれず、内部の膨張によって、ビンは壊れます。しばらく待ちましょう」

食塩をまぶした氷に、容器を埋め込むようにして、中の水を凍らせる。ファラデーの使った鉄製のビンは、氷となって体積が増えた中身を包みきれず、割れてしまった

第3講　燃えてできる水

　ファラデーは水が凍るのを待ちながら、別の実験を行います。水を入れて熱していたガラスのフラスコに、時計皿でふたをしました。

　「何が起こっているでしょうか？　沸騰している水から上がってくる蒸気が、時計皿をカタカタと揺らし続けています。フラスコいっぱいに水蒸気が満ちていることがわかりますね。そうでないとすると、蒸気は逃げ出しませんから」

　「フラスコの中には、水よりもはるかに体積の大きいものがあることがわかります。それは次から次へとできてフラスコをいっぱいにし、空気中へ噴き出していっています。それなのに、フラスコの中の水の量は、それほど減っているようには見えません。これは、水が水蒸気になるときの、体積の変化が非常に大きいことを示しています」

フラスコに水を入れ、時計皿でふたをして加熱する。沸騰すると、時計皿が音を立てて揺れ始める。水蒸気が外に出ていっていることがわかる

73

水に浮かぶ氷

「氷が水に浮くことは皆さん、よくご存じですね」。同じ「水」なのに、氷が水に浮くのはなぜでしょう？ ファラデーは続けます。

「科学的によく考えてみましょう。氷はそれを作った水の体積よりも大きくなります。そのために、氷は同じ体積の水よりも軽く、水は同じ体積の氷よりも重いのです」

ほとんどの物質は、液体から固体になると体積が小さくなりますが、水は逆に大きくなります。この身近で非常に変わった物質は、これからファラデーが明かしていく2種類のものでできています。そして現代では、その2種類で構成される粒子、つまり分子がたくさん集まって、水ができていることも知られています。

同じ「水」でありながら、固体の氷は液体の水に浮く。同じ体積の場合、氷は液体の水よりも軽い

第3講 燃えてできる水

水の分子は、液体のときはつながって動き、固体のときは隙間の多い構造できっちりと結合して動きません (p.77の図参照)。そのため、多くの物質と異なり、液体よりも固体の方が、体積が大きくなるのです。

ファラデーは水を入れて熱しているブリキ容器を前に、次のように話しだしました。「水に対する熱の働きに話を戻しましょう。このブリキ缶から、水蒸気が噴き出しています！ こんなに噴き出すのですから、この容器の中はたくさんの水蒸気で満たされていることがわかります」

「加熱して水を水蒸気に変えましたので、今度は、逆に冷却して、水蒸気を液体の水に戻してみましょう。冷たいコップを持ってきて、この水蒸気にかざします。すぐに水滴がつきました」

ブリキ缶に水を入れて加熱する。水は沸騰して水蒸気となる。冷たいコップをかざすと、水蒸気が水滴となるため、コップが曇る

75

夏に冷たい飲み物を入れたコップの周りに水滴がつきますね。これは空気中の水蒸気が、コップの冷たさで、水に変わったからです。空気の中には多くの水蒸気が含まれているのです。

　実験は続きます。「これも、水が気体から液体に凝結することを示すものです。この変化がいかに正確に、そして完全に進行するかお見せしたいと思います」

　ファラデーは、ブリキ缶を水蒸気で満たしてからふたを閉め、外側に冷たい水を注ぐと告げます。「中の水蒸気を冷やして液体の水にすると、どんなことが起こるでしょう？」

　そう言って水をかけた途端、缶はつぶれてしまいました。

　「もしもふたを閉めて、加熱し続けると、このブリキ缶は破裂

ブリキ缶の中は水蒸気で満ちていた。ふたを閉めて冷却すると、水蒸気は水に戻り、内側がほぼ真空となり、ブリキ缶はつぶれる

したでしょう。しかし、水蒸気が水に戻ると缶はつぶれます。水蒸気が凝結して、内側が真空になったからです。これらの実験をお目にかけたのは、このようなことが起こっても、水は別のものに変わることはない、水は水なのだということを示したかったからです」

「水蒸気に変わったとき、水の体積はどのくらいになると皆さんは思われますか？ ここに立方体があります。1立方インチの水は、1立方フィートの水蒸気に膨張するのです。逆に冷やせば、この大きさの水蒸気が、小さな水に変わるのです」

1立方フィートは約1728立方インチ（約28317立方センチメートル）です。水は水蒸気になると、体積が1700倍以上になるのです。

▶ 水の状態変化と分子構造（現代の模式図）

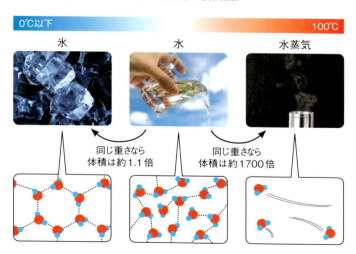

そして、この話の途中で、先ほどから冷やしていた鉄のビンが割れます。「あ、ビンが割れました。ビンの中身は氷になっています。この鉄の厚さは2分の1インチ（約13ミリメートル）近くもあるのに、氷はこれを砕きました。水のときよりも体積が大きくなった氷を、この鉄のビンは包みきれなかったのです」

　「水の中ではこのような変化がいつも起こっています。本来なら人為的な手段を必要とはしないのです。ここで私がこのような手段をとったのは、本物の長く厳しい冬の代わりに、小さな冬を、このビンの周りに作りたかったからです。もし皆さんが、カナダなどの北の国にいらっしゃれば、戸外の低い温度が、ここで氷と食塩の混合物が行ったことと同じことをするのを、ご覧になれるでしょう」

　水が氷になると、体積は10パーセント程度増えます。厚い鉄のビンの中にあった水は、氷となって体積が増え、膨張しない容器を破壊したのです。寒い冬の夜に、水道管が凍結によって破裂するのも同じ理由です。

寒い地方では、水道管が凍結し破裂することがある。水道管の中の水が氷になると体積が増加する。水道管は氷を抑えることができず、破裂する
写真：iStock.com/BanksPhotos

第3講　燃えてできる水

┃ TRY 6 ┃ 水を使って缶をつぶす

水の体積変化を実感する実験は、現代ではアルミニウムの飲料缶を使うと行いやすいでしょう。テレビなどで見たことがあるという方も多いかもしれません。でも、自分の目の前で起こると、新しい驚きが得られるはずです。

◆ 用意するもの

ねじ式のふたのついたアルミニウム飲料缶、やかん、軍手、水（沸騰させるものと冷たいもの）など

◆ 手順

1. やかんに水を入れ、沸騰させる。
2. 軍手をして、飲料缶を持ち、やかんの口から出ている水蒸気を飲料缶にためる（）。
3. すぐにふたを閉める。
4. 冷たい水をかける（）。

＊水蒸気を冷やすと水に戻ります。水蒸気と水の体積比は1700:1なので、容器の中が真空状態に近くなり、周りの大気圧によって缶がつぶれます。

79

水との反応

　鉄のビンが破裂する実験、そしてブリキ缶がつぶれる実験と、大きな音の出る実験が続きました。ファラデーはここで話題を変えます。

「さて、静かな科学に戻りましょう。ロウソクから得たこの水はどこにあったのでしょう？　水はもともとロウソクの中にあるものでしょうか？　違います。水はロウソクの中にはありませんし、ロウソクを燃やすのに必要な空気の中にあるのでもありません。一つはロウソクの中、もう一つは空気中にあり、この二つのものが合わさって水ができています」

「今、この机の上で燃えているロウソクの科学を完全に理解するために、私たちは水がどこからきたのかを追究していかなければなりません。どのようにすればいいでしょうか？　私自身は、いろいろな方法を知っています。しかし、私は、これまでにお話し

燃えるロウソク。炎から出てくる水はどこから来たのだろうか？

第3講 燃えてできる水

したことをよく思い出し、それを組み合わせていくことで、ぜひ、皆さんご自身で考えていただきたいのです」

ファラデーは、ただ講演を聞くだけではなく、科学的な考え方を身につけてほしいと願っていました。単なる好奇心から聞きにきた聴衆にも、科学の面白さを伝えたいと思っていたそうです。

「私たちは先ほど、ハンフリー・デーヴィー卿がなさったのと同じ方法で、カリウムが水と反応するのを確認しました。もう一度、同じ実験をやってみましょう。カリウムは取り扱いに非常に注意を要します」。そう言って、ファラデーは、小さなカリウムのかけらを水に入れました。

「ご覧の通り、浮きランプとなり、空気の代わりに水を使って、美しく燃えます。鉄くずを水に入れても同じように変化します。しかしながら、鉄くずは、カリウムのように激しく変化するのではなく、ゆっくりとさびていくのです。鉄くずも水と反応するのです。どうか皆さん、この事実を心にとめておいてください」

鉄くずとして、スチールウールを水に入れてしばらく置くと、水と反応してさび、赤茶色になる

81

ファラデーは続けます。「私たちはさまざまな物質の作用を変化させる方法や、私たちが知りたいと思うことを物質自身に語らせる方法を学んできました。今度は鉄を調べてみましょう。すべての化学反応は、熱の作用によって促進されます。物質と物質の間の作用を詳しく、そして注意深く調べようとするには、熱の作用に注意を払わなければなりません」

　鉄を水の中に入れて常温に置いておくと、赤くさびてボロボロになりました。このような化学反応は、温度が高いと速く進みます。反応の結果、できる物質も変わることがあります。高温で鉄と水が反応するとどうなるのでしょう？　ファラデーは続けます。

　「鉄自身が、とても美しく、とても順序よく、筋道を立てて、物語ってくれますので、きっと皆さんにご満足いただけると思います」

　鉄は昔から、人にとって特別な存在です。現代でも「金属の王様」と呼ばれることがあるぐらいで、鉄がなければ今の私たちの生活はなかったことでしょう。鉄は鉄鉱石から取り出されますが、ファラデーが生きた頃のイギリスは、その製鉄業が最も盛んな国でした。1709年、石炭を蒸し焼きにしたコークスを燃料に用いる製鉄法が生み出され、その後、蒸気機関が登場したこともあり、さらに技術が進みます。そして19世紀に入っても、より効率的な装置や手法が次々と編み出され、産業革命のけん引役となったのです。当時の人々にとって、鉄は新しい時代や発展を象徴するものの一つでした。

　その鉄が、水と出会ったときに自身に起こることを物語ってくれる……。ファラデーは詩的な表現で、聴衆をひきつけます。そして準備されたのは、大きな実験装置でした。

第3講　燃えてできる水

鉄はその強度、入手や加工のしやすさなどのバランスがよく、用途も広い。写真はイギリスのセヴァーン川にかかるアイアンブリッジ。1781年に開通した、世界初の鉄橋
写真：Roantrum

フィリップ・ジェイムズ・ド・ラウザーバーグの『夜のコールブルックデール』(1801年)。コークス炉を使ったイギリスの製鉄工場が描かれている
所蔵：Science Museum

1850年代にイギリスのヘンリー・ベッセマーが発明したベッセマー転炉。銑鉄からケイ素、マンガン、炭素などを取り除く仕組みで、鉄の大量供給を可能にした
写真：Holger.Ellgaard

鉄が語ってくれること

炉の前で、ファラデーは話し始めます。「この炉には鉄の管が通っています。この管の中には、ピカピカの鉄くずを詰めてあります。この管を炉の中に通して熱します。管の中の鉄くずに空気を送り込むこともできますし、管の端に取りつけたボイラーから水蒸気を送り込むこともできます。このコックは、管に水蒸気を通すときまで閉じておきましょう。反対側の管の端は水の入った水槽の中です。皆さんによく見ていただくために、水には青く色をつけておきました」

ファラデーは先ほどの実験でつぶれたブリキ缶を手にして、話を続けます。「さて、この管に水蒸気を送れば、反対側のこの水槽のところで、凝結するはずですね。水蒸気は冷やされると、気体の状態を保つことはできないからです。この缶のように、体積が減少して、つぶれてしまいますね。もし、この管が冷えていれば、水蒸気はそこで凝結してしまいます。ですから、この管は熱してあります」

「では、この管に少しずつ水蒸気を送ってみましょう。それが逆側の端から出てくるとき、水蒸気のままでいるかどうか、皆さん自身でご判断ください」

第3講　燃えてできる水

　水蒸気を吹き込む方と反対側の管は水槽内に入っています。そのため、管の中の温度も下がります。「水蒸気の温度を下げれば、水に戻るはずです。ところが、気体が出ています。このガラス筒に集めた気体は、鉄の管を通した後で、水の中をくぐらせて温度を下げたにもかかわらず、水には戻っていません」
　水槽に入っているガラス管からは、ブクブクと気体が出て、ガラス筒にたまっていっています。「もう一つ別の試験を、この気体に行ってみましょう」。そう言ってファラデーは、ガラス筒を逆さにしたまま、気体を逃がさないように取り出します。

鉄と水蒸気を反応させて得られる気体は、非常に燃えやすく、空気中で爆発を起こしやすい。少量を燃焼させると小さな音を立てる。炎は青いが、肉眼だと見えづらい
写真：コーベット・フォトエージェンシー

　ガラス筒の口に火を近づけると、小さい音を立てて燃えました。「これは水蒸気でないことがわかります。水蒸気なら燃えませんし、火を消します。でも、この気体は燃えましたね。この物質は、ロウソクの炎から作った水からでも、他のところから取った水からでも等しく得ることができます」
　「水蒸気と反応した後の鉄の状態は、燃やした後の状態と、実によく似ています。いずれにおいても、反応後の鉄は、反応前の鉄よりも重くなっています。空気や水蒸気をさえぎって、管の中の鉄を熱し、冷やしたときには、重さは変わりません。しかし、水蒸気を通したときには、鉄は水蒸気から何かを取り込み、残りを逃がすのです。その残りがこの気体です」
　水蒸気と反応した後の鉄は、黒くなっていました。常温の水と反応させたときは数日かかって赤さびになりましたが、水蒸気との反応はすぐに起こり、黒さびになったということです。

第3講　燃えてできる水

▶ ファラデーの炉を使った実験の仕組み

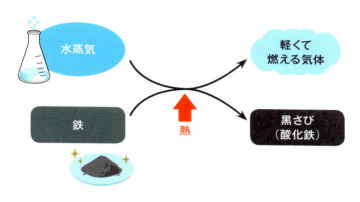

　鉄が水蒸気から取り込むものとはいったい何でしょう？　取り込まずに逃がしたものは、燃える気体でした。

「もう1本のガラス筒にも、気体がいっぱいになりましたから、面白い現象をお目にかけましょう。先ほどご覧になったように、この気体は燃えます。それを証明するためにもう一度、火をつけようと思います。でも、もう一つ見ていただきたいことがあるのです。この気体は極めて軽い物質です。水蒸気なら凝結しますが、この気体は凝結しないで、空中をのぼっていきます」

　そしてファラデーは、また別のガラス筒を人々に見せました。ロウソクを入れ、空気しか入っていないことを示します。

「さて、先ほどからお話ししているこの非常に軽い気体で、空気しか入っていないガラス筒を満たしてみます。このように、二つの筒を逆さにして持ち、気体の入っている方の筒を、別の筒の下に持っていき、傾けます」(次ページの写真参照)。

二つのガラス筒を逆さにして手に持ち、燃える気体の入っているガラス筒(左)を、空気が入っているガラス筒(右)の下で傾ける。中に入っていた軽い気体は空気の入っていたガラス筒に移る

　ファラデーは、水蒸気から作った気体が入っていた筒にロウソクを入れ、そこに空気しかないことを確認します。そして、もともとは空気が入っていたガラス筒を持ちながら続けます。「こちらの方に、燃える気体が入っています。先ほど、あちらの筒からこちらの筒に移したのです。筒から移しても、この気体の性質や状態、そして独立性は失われません。この気体は、ロウソクが燃えてできるものの一つですから、私たちがロウソクの科学を理解するうえで、非常に重要です」

　ファラデーが気体を移した筒に火を近づけると、先ほどと同じように燃えました。

　「さて、鉄を水蒸気、すなわち水と反応させてできたこの気体は、先ほど皆さんがご覧になったような、水と激しく反応するカリウムを使っても作れます。では、カリウムの代わりに亜鉛を使うとどうなるでしょうか?」

第3講　燃えてできる水

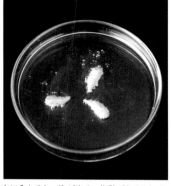

亜鉛を水に入れても反応しないが、希塩酸の中に入れると、泡が出る。塩酸があることで、表面に膜ができず、亜鉛が反応するようになる

　「亜鉛は、他の金属のように簡単には水と反応しないのです。私はその理由について詳しく調べてみました。主な理由は、水と反応すると、亜鉛の表面に一種の保護膜ができてしまうからでした。そのため、器の中に亜鉛と水だけを入れたのでは、あまり反応が起こらず、何も得られないことがわかりました。そこで、邪魔なこの膜を溶かしてしまいましょう。そのためには、酸をちょっと使えばよいのです。こうすると、亜鉛は鉄とまったく同じように、水と反応します」

　ファラデーはフラスコに酸と亜鉛を入れます。すると、気体が発生しました。この気体を、ガラス筒に集めます。

　「これは水蒸気ではありません。ガラス筒はこの気体でいっぱいになりました。この気体は、鉄の管の実験で先ほど作ったものとまったく同じ物質です。燃えますし、逆さにしても容器から逃げ出しません。この気体が、私たちが水から取り出したものであり、ロウソクの中に含まれているものと同じ物質です」

89

燃える気体の正体

「この気体は、水素です。化学において『元素』と呼ばれているものの一つです。元素からは、それ以外、もう何も取り出すことができません。ロウソクは元素ではありません。なぜかと言えば、私たちはロウソクから炭素を取り出すことができますし、この水素もまた、ロウソクからできた水から取り出すことができますから。この気体は、他の元素と一緒になって水を作るため、『水素』と名づけられました」

水素は、1766年にイギリスのヘンリー・キャベンディッシュ (1731〜1810年) により気体として単離され、1783年にフランスのアントワーヌ・ラボアジェ (1743〜1794年) により「水素」と命名されました。

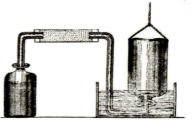

水素を単離したヘンリー・キャベンディッシュ (左) とその実験装置 (右)。人に会うのを極度に嫌い、多くの大発見を成し遂げたにもかかわらず、公表しないまま亡くなった

アントワーヌ・ラボアジェは、「近代化学の父」とも称されるフランスの科学者。徴税請負人でもあったことから、フランス革命時にギロチンで処刑された

第3講　燃えてできる水

　ファラデーは水素を集めたガラス筒を手に、話を続けます。

　「では、また実験に取りかかりましょう。私は、皆さんにも、自分で実験なさることをお勧めしたいと思います。ただ、十分に注意して実験してください。周りの人々の同意を得ることも必要です。化学の勉強が進んでまいりますと、方法を間違えば事故になる、危険な物質を取り扱わなければならないことが多くなります。酸や熱、燃えやすいものを使うときは、気をつけて扱わないと、けがをします。水素は、亜鉛、そして硫酸か塩酸があれば、簡単に作ることができます」

　そう言ってファラデーは、小さなガラスビンを示しました。コルク栓に管をさしたものでふたをしてあります。「ここに、昔『賢者の灯（philosopher's candle)』と呼ばれていたビンを用意しました。亜鉛を少し入れます。そして、十分に注意して、ほぼいっぱいに、けれど本当にいっぱいにならないように水を入れます。なぜでしょう？　すでに皆さんがご承知のように、ここで出てくる非常に燃えやすい気体は、空気と混ざるとかなり強い爆発性を持ちます。水面上部にある空気をすっかり追い出してしまわないうちに、管の端に火を近づけると、爆発してけがをすることがあるからです」

　「さあ、硫酸を注ぎ込みますよ。ごくわずかな亜鉛と、水、そして硫酸が入りました。硫酸の濃度を調整することで、水素が発生するスピードを調整できます」

　硫酸と水が混ざるときには、非常に大きな溶解熱が発生します。硫酸に水を注ぎ加えると、表面近くで水が沸騰し、硫酸が飛び散る可能性があります。この二つを混ぜたいときには、最初に水を容器に入れて、その後、硫酸を加える必要があります。ファラデーが亜鉛と水を先に入れたのはそのためです。

ファラデーは「賢者の灯」に火をつけました。弱々しい炎ですが、温度は非常に高いです。水素の燃焼温度は約3000℃。ロウソクは、一番外側の高い温度の部分で1400℃程度です。

　「ロウソクが燃えると、水ができましたね。水素が燃えると何ができるかを調べてみましょう」。そう言ってファラデーは、賢者の灯の上に、ガラス筒をかざします。すると、ガラス筒の中には水滴がつきました。水素が燃えると、水ができるのです。

　「水素は素晴らしい物質です。空気よりもはるかに軽いので、ものを持ち上げることができます。実際に、皆さんにお目にかけましょう」。そう言ってファラデーは、水素でシャボン玉を作りま

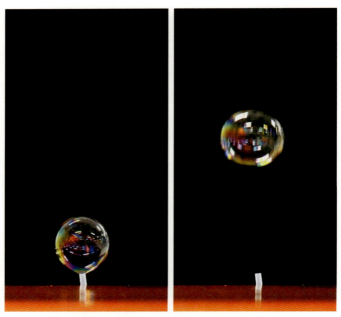

水素で作ったシャボン玉は、非常に軽いので、あっという間に上にのぼっていく

第3講　燃えてできる水

す。このシャボン玉は、あっという間に天井までのぼっていきました。次に、風船に水素を詰めて空中に上げます。

　ファラデーは水素がいかに軽いか、数値を使って説明しました。水素は1立方メートルあたり90グラムです。空気は1立方メートルあたり1293グラムなので、14分の1の重さしかありません。その軽さを利用して、当時、水素の気球や飛行船が作られていました。ただ、水素は爆発しやすい気体。1937年5月3日にドイツを出発した飛行船ヒンデンブルグ号は5月6日、アメリカ東海岸のレイクハースト海軍航空基地に着陸する際、突如爆発し、乗員乗客35名、地上作業員1名が亡くなる大惨事となりました。

水素を詰めた風船も、すぐのぼってしまう

93

化学力

「水素は燃えている間も、その後も、固体になるようなものは生成しません。水素が燃えてできるものは水だけです。燃焼の結果、水のみができるものは、自然界において、水素だけであるということを覚えておいてください。さて、水の一般的な性質について、もう少し調べてみましょう」

そう言ってファラデーは、電池の両極から針金が出ている装置を持って、この日最後の実験を行います。

針金の先を接触させると火花が飛びます。「この火花は40枚の亜鉛板が燃える力に相当します。その大きな力を、この針金を使って、自分の好きなところに運ぶことができます。万が一、間違って、私自身の体にこの力を働かせようものなら、一瞬にして私は死んでしまいます。この針金の先に出てくる力を、皆さんが五つ数える間働かせるとしましょう。その力は、雷をいくつか合わせたものに相当するほど強いものなのです」

「次回は、この力、『化学力』がどれほど強いかを知っていただくために、鉄くずを燃やしてお見せしましょう。そして、この化学力を水に働かせるとどのような結果が得られるか、ご覧にいれましょう」。こうして第3講は終わりました。

▶ 第3講でわかった二つの物質の特徴

水の特徴	水素の特徴
❶ロウソクなどの燃焼でできる	❶水から取り出せて、水に溶けにくい
❷固体・液体・気体に変化する	❷非常に軽い
❸金属と反応する	❸非常に燃えやすく、燃えると水だけができる
❹水素ともう1種類の元素でできている	

第3講　燃えてできる水

コラム

ファラデーとボルタ電池

　第3講の終わりにファラデーが取り出した装置は、ボルタ電池でした。イタリアの物理学者アレッサンドロ・ボルタ（1745〜1827年）は1800年に、亜鉛と銅を使ったボルタ電池を発明します。電圧の単位が「ボルト（V）」なのは、ボルタに由来しています。

　ボルタ電池は亜鉛板と銅板の間に、電解液を染み込ませた厚紙を挟んで積み重ね、電気を流す装置です（前ページとp.99ページの図を参照）。電解液は電子が通りやすい溶液で、ボルタ電池は、金属によって電子の放出のしやすさが違うことを利用して電流を得ています。

　亜鉛と銅では、亜鉛の方が電子を放出しやすく、その電子が銅板の方に流れます。たくさんの亜鉛板と銅板を積み重ねることで、流れる電子の量は多くなります。

　ファラデーは製本所で働きながら、独学で化学の勉強をしていました。ボルタ電池のことを知ったファラデーは、半ペニー銅貨と亜鉛板、そして食塩水を含ませた厚紙を重ねて、ボルタ電池を自作したそうです。ファラデーが記録に残した初めての実験は、自作のボルタ電池を使っての「硫酸マグネシウムの分解」（1812年）でした。

　その後、ハンフリー・デーヴィーとともにイタリアのボルタを訪ねたファラデーは、ボルタ自身からボルタ電池をプレゼントされます。ファラデーはこの電池を使ってさまざまな実験を行います。ボルタ電池はファラデーにとって、なじみの深いものだったのですね。

第4講

もう一つの元素

HYDROGEN IN THE CANDLE—BURNS INTO WATER
—THE OTHER PART OF WATER—OXYGEN.

溶けた銅を取り出す

　クリスマスレクチャーも後半に入りました。ファラデーはガラス容器を手に話し始めます。

　「皆さんは、まだロウソクの話に飽きていらっしゃらないと思います。そうでなければ、こうして来てくださらないでしょうから。さて、前回は、ロウソクが燃えているときには、水ができるということを学びました。そしてこの水を詳しく調べると、その中には水素という不思議なものがあることもわかりました。この容器に入っているのは、水素です。水素は非常に軽く、燃える気体です。水素が燃えると水を生じますね」

　前回は、鉄粉を管に入れて熱し、水蒸気を通すと、水素が出てくることを確かめました。水蒸気すなわち水は、水素を含んでいるのです。

　「今日は、前回、最後にご紹介した化学力を使って、実験をしてまいります」

　ファラデーは、前回の最後に紹介した、両極から針金が出ている装置を用意します。ボルタ電池です。

　「私はこの装置を使って、水を分解し、水には水素の他にどのような成分があるかを調べてみたいと思います。最初に、電池つまり化学力がどのように働くかを見てみましょう」

　「ここに銅と硝酸があります。硝酸は強い化学物質であり、銅と激しく反応します。美しい赤い蒸気が出ていますね。この蒸気は吸ってはいけません。フラスコの中の銅は分解され、液体は青色に変わりました。この液体は銅や、その他のものを含んでいますが、これに先ほどの装置、ボルタ電池を働かせてみましょう」

第4講　もう一つの元素

▶ ボルタ電池の仕組み

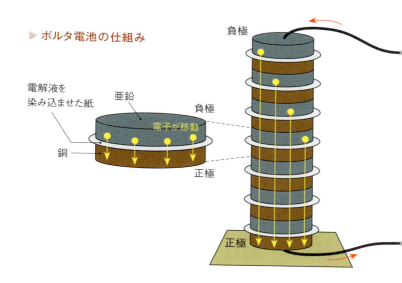

青色の硝酸銅溶液。銅と硝酸が反応してできる二酸化窒素は呼吸器に悪影響を及ぼす

「ではここで、銅が溶けている液体に、この白金板を入れてみましょう。白金板を入れただけでは、何も変化がありませんね。では、白金板を電池につないでみましょう。ほら、このように、左側の白金板が銅に変わったかのように見えます。白金板が銅で覆われたのです。もう一枚、右側の白金板はもとのままです」

　次に、ファラデーは左右の板を交換します。銅色だった板は綺麗になり、綺麗だった板が銅色になりました。

　「銅が右から左に移ったのです。液体の中に溶け込んでいた銅を、電池を使って取り出すことができるということがおわかりいただけたと思います」

　これは、現在でもメッキとして使われている化学反応です。白金板に銅をメッキしたことになりますね。

　ちなみに、電気の流れる量とメッキされる量は厳密に比例します。それを明らかにしたのが、1830年代にファラデーが発見した「電気分解」の法則でした。その後、イギリスでは電気メッキの技術が急速に発展しました。

硝酸銅溶液にステンレス板（白金板の代用）を2枚入れ、電池をつないだ

陰極のステンレス板は色が変わり、陽極のステンレス板には泡がついた

第4講　もう一つの元素

▶ ファラデーの銅メッキ実験の仕組み

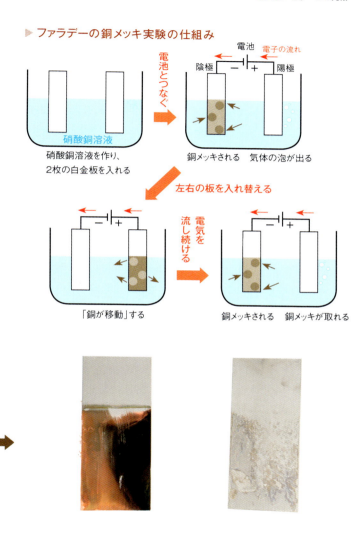

取り出したステンレス板。陰極には銅が付着している。陽極は変化しない

101

電池は水にどのように働くのか

　ボルタ電池を使ってファラデーは実験を続けます。「さて、今度はこの電池が水に対してどのような働きをするか、調べましょう。ガラス筒の中に白金板を2枚入れ、水を入れます。水だけでは電気を通しにくいので、酸を少し入れます。さて、電気を通してみましょう」。両方の白金板から泡が出て、気体がビンにためられていきます。水が分解されて気体になったのです。ファラデーが火をつけると、その気体は燃えました。「炎の色は水素が燃えたときと似ていますが、水素の燃え方とは違いますね。そして、この気体は空気がなくても燃えました。空気がないと燃えないロウソクとは違いますね」

　ファラデーは水の電気分解を続けます。今度は、両極から発生する気体を別々にガラス管に集めました。陰極側から発生する気体の量は、陽極側から発生する気体の量の2倍、どちらの気体も無色です。まずは、気体が多い方のガラス管を手に取ります。「こちらには水素があることを確認しましょう。水素のいろいろな性質を思い出してください。軽い気体で、薄青い光を上げて燃えますね。やってみましょう」。気体は燃えました。水素です。

　「もう一つは何でしょう？　火のついた木片をこの気体の中に入れてみましょう。ご覧ください。木の燃え方がずいぶん激しくなりました。空気中よりもこの気体の中の方が、燃え方が激しいですね。この気体は酸素です。酸素が水の中にあったのです」

　水分子が水素原子と酸素原子からできていることも知られていなかった当時、聴衆はさぞ新鮮に感じたことでしょう。

102

第4講 もう一つの元素

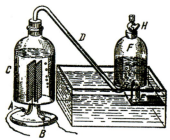

原著掲載の図版。この講演で最初に水を電気分解したときは、できた気体をこのようにして集めた。AとBを電池につないでCの水を分解し、Fに水素と酸素の混合気体を集めている

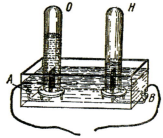

こちらも原著掲載の図版。水槽に水を入れ、そこに陽極・陰極をガラス管でそれぞれ覆うように設置することで、水素（H）と酸素（O）を別々に集められる。得られた水素の体積は酸素の2倍

酸素の中で炎を上げて燃える木片。空気中よりも激しく燃える。フラスコが曇ることから、水が発生していることがわかる

103

ロウソクと酸素

　水を電気分解すると、水素と酸素ができることがわかりました。「酸素は空気中にあります。酸素があるので、ロウソクは燃えて水を作ることができたのです。酸素がなければ絶対に不可能なのです。さて、私たちは酸素を空気中から取り出すことができるでしょうか？　非常に複雑な方法をとれば可能ですが、もっと簡単に酸素を得る方法があります」

　さっそくファラデーは酸素の実験を始めます。「二酸化マンガンと呼ばれる物質があります。これは、真っ黒な鉱物で、非常に高い温度で熱すると酸素を出します。そして、漂白や花火の製造などに使われる塩素酸カリウムという物質があります。この塩素酸カリウムと二酸化マンガンを混ぜると、二酸化マンガンだけのときよりも低い温度で酸素を取り出すことができます」。そう言ってファラデーは、二酸化マンガンと塩素酸カリウムを入れた鉄の容器を熱し、発生した酸素をビンに集めます。そして小さなロウソクをまず空気中で燃やしてみせ、それから酸素のビンに入れました。ロウソクの炎がパッと輝き、大きくなります。

二酸化マンガン（酸化マンガン（Ⅳ））。過酸化水素水に二酸化マンガンを触媒として混ぜ、酸素を発生させる実験は、現代の小中学校でよく行われている

第4講 もう一つの元素

空気が入ったビン（上）と酸素が入ったビン（下）でのロウソクの燃え方。空気が入っているだけのビンだと、最初は写真のように燃え、徐々に炎が小さくなる。酸素中に入れたロウソクは、激しく燃え始める。ロウソク自体もどんどん短くなり、ビンの内部に水滴がついて曇っていく

「実に美しく燃えますね！　そして皆さんは、酸素が重い気体であることにもお気づきになったと思います」。確かに、ロウソクを下ろし入れたビンには、ふたがしてありませんでした。「私たちは水から、酸素の2倍もの水素を取り出しましたが、2倍なのは体積だけで、重さは2倍ではありません。酸素は水素よりもずっと重いのです」。1立方メートルあたりの水素の重さは90グラムで、酸素の重さは1429グラムです。ずいぶん違いますね。

次に、ファラデーは酸素の入ったビンを手にし、中身をロウソクの上から注ぎました。「ほら、ご覧ください。こんなに明るく燃えました。この光は、電池に針金をつないでみたときの光にちょっと似ています。この作用がどんなに激しいか、考えてみてください。それなのに、この作用でできるものは、ロウソクが空気中で燃えてできるものと同じです。空気中で燃やしたときと同じ水ができるのです」

「ものの燃焼を助ける酸素の力は驚くべきものです。以前、ご覧いただいたように、□は空気の中でも少し燃えます。では、□中ではどのように燃えるでしょう？」

ファラデーは鉄線を巻きつけた木片を用□す。木片に火をつけた後、酸素の□ンの中に入れました。木片は燃え□す。「この火はまもなく鉄に移り□、鉄が強い光を出して、燃え

木片に鉄線を巻きつけ、空気中で火をつける。空気中では木片しか燃えないが、酸素の中に入れると、鉄が燃えて火花が生じる

第4講　もう一つの元素

だしました。酸素の補給を続ける限り、鉄がなくなってしまうまで燃焼を続けることができるのです」

この後、ファラデーは硫黄とリンを酸素中で燃やし、空気中とは違って非常に激しく燃える様子を聴衆に見せました。「酸素中では物質が激しく燃えることを確認してきました。今度は、水素と酸素の関係について調べてみましょう」

カリウムが燃えるわけ

　ファラデーはカリウムを例に取り上げます。「カリウムは水と反応して燃えました。なぜでしょう？　それはカリウムが水から酸素を取るためです。水の中にカリウムを入れると何が起こるでしょう？　水素が分離し、燃えます。カリウム自身は酸素と化合します。カリウムは水を分解して、酸素を取り込み、水素を分離するのです」

　そしてファラデーは、氷にカリウムを載せてみせました。「酸素と水素を化合させている化学力は、氷の上のカリウムを燃え上がらせるはずです。やってみましょう。火がつきました。まるで火山の噴火のようなことが起こっていますね」

　「今回はこのように変わった現象をお目にかけました。次の回では、このような変わった現象は、通常は決して起こらないということを示したいと思います。このような異常で、危険極まりない作用は、私たちがロウソクや、街のガス灯、炉の中で薪を燃やすときには、絶対に起こらないのです」

　空気中には酸素があるのに、なぜ、今回の実験のように、さまざまなものが激しく燃えるということが起こらないのでしょう？その答えを次回に持ち越し、第4回の講演は終わりました。

▶ 第4講でわかったこと

> ❶電池には、メッキをしたり、水を分解したりする働きがある
> ❷水は、水素と酸素でできている
> ❸ロウソクは、空気中の酸素を使って燃焼し、水を作る
> 　（カリウムは、水から酸素を奪い、残った水素が燃える）
> ❹酸素は重く、その中ではものが激しく燃える

第5講

空気の中には何がある?

OXYGEN PRESENT IN THE AIR
—NATURE OF THE ATMOSPHERE
—ITS PROPERTIES
—OTHER PRODUCTS FROM THE CANDLE
—CARBONIC ACID—ITS PROPERTIES.

空気と酸素の違い

　5回目の講演にも大勢の聴衆が集まりました。ファラデーは問いかけます。「前回はロウソクが燃焼してできた水から、水素と酸素を作ることができるとわかりました。皆さんは、水素はロウソク、酸素は空気に由来するとお思いのことでしょう。だとすると、次のような疑問が浮かぶのではないでしょうか? 『空気中に酸素があるのに、なぜ空気中と酸素中でロウソクの燃え方が違うのだろうか?』。これはとても重要な疑問です。そしてそのことが、私たち自身にとっても非常に重要であるということを、これから皆さんにわかっていただきたいと思います」

　空気と酸素の違いは何でしょう? 空気中には、酸素の他に何かがあるのでしょうか? ファラデーはいつものように、さまざまな実験をしていきます。

　「前回は、できた気体が酸素であるかどうか確かめるため、その中で、いくつかのものを燃やしました。この方法では、燃え方を見ることで、酸素かどうかが判別できましたね。今日は、別の方法でまいりましょう。ここに二つのガラス容器があって、別々の気体で満ちています。間にガラスの板を置いて、混ざり合わないようになっていますが、この仕切りを取り去ると、二つの気体は混じり合っていきます。何が起こるでしょうか?」

　無色透明だった気体が、赤褐色に変わりました。ガラスビンの中の一方は酸素、もう一方は一酸化窒素でした。二つが混ざってできるのは赤褐色の二酸化窒素です。一酸化窒素は酸素の有無を確認する「酸素検出用ガス」として利用できます。

　ファラデーは次に、一酸化窒素を空気と反応させます。同じように赤褐色の気体になりました。空気中にも酸素があることが確

第5講 空気の中には何がある?

認できました。

「では、ロウソクは酸素中だと激しく燃えたのに、空気中ではそうならないのはなぜかということを考えていきましょう。ここに二つのビンがあります。一方には空気、もう一方には酸素を入れてあるのですが、見た目では区別がつきません。どちらが酸素で、どちらが空気か、私にはわからないのです。ではここで、検出用のガスを入れて、どうなるかを見ましょう」

ファラデーはガラス容器に一酸化窒素ガスを入れました。どちらも赤くなりましたが、濃さが違いました。

「この赤いガスは、水を入れてよく振ると消えてしまいます。水に吸収されるのです。酸素がある限り、赤いガスができ、水を入れると赤いガスが消えるということが続きます」

「さて、こちらのビンは、検出用ガスを入れても、もう赤くなりません。少し空気を入れてみましょう。赤くなれば、容器には検出用ガスが入っているけれども、酸素がない状態だということがわかりますね」。空気を入れると少し赤くなりましたが、すぐに水に吸収されて、無色透明の気体のみが残りました。

一酸化窒素は無色透明だが、空気と触れ合うと、空気中の酸素と反応し、赤褐色の二酸化窒素となる。二酸化窒素は水に溶けやすく、溶けると無色になる

111

酸素と窒素

「これは空気を、酸素と何か別のものに分ける実験でした。その何かとは、窒素です。窒素は空気の大部分を占めています。窒素は非常に面白い物質で、実験の結果もとても面白いのですが、おそらく皆さんは『つまらない』とおっしゃるでしょう。窒素は、水素のように燃えたりしませんし、酸素のようにロウソクを明るく燃やしたりしません。そして、燃えているすべてのものを消してしまいます」

「窒素には臭いもなければ、味もありません。水にも溶けません。酸でもアルカリでもありません。私たちの感覚器官では、窒素は感じられないのです」

確かに窒素には、存在感がありません。それなのになぜ、ファラデーは窒素を面白い物質だと言うのでしょう?

「もしも窒素がなくって、私たちの周りの空気が、窒素と酸素の混合物ではなく、純粋な酸素ばかりだとしたら、どんなことが起こるでしょうか?」

「酸素の中では、鉄線が燃えることを皆さんはご存じですね。では、鉄の暖炉に石炭を入れ、火をつけたとしましょう。もしも空気が全部、酸素であるとしたら、どうなるでしょう? 鉄でできた暖炉自体が燃料の石炭よりも激しく燃え上がるに違いありません。酸素中では、鉄は石炭よりもずっと燃えやすいからです。窒素はこのような火の力を弱め、穏やかにし、私たちの役に立つようにしてくれています」

酸素の中では鉄だけでなく、木や紙も激しく燃えます。窒素のような気体とともになければ、人の生活は成り立ちません。

「窒素は通常の状態では不活発な元素です。非常に強い電気

第5講　空気の中には何がある？

の力を働かせると、他の大気成分、すなわち酸素と、極めてわずかですが化合します。このように不活発だからこそ、窒素は安全な物質だと言えるのです。ここに空気の成分を百分率で示しました」

▶ ファラデーが示した空気の成分表

	Bulk. 体積	Weight. 重さ
Oxygen, 酸素	20	22.3
Nitrogen, 窒素	80	77.7
	100	100.0

　窒素の体積は酸素の4倍です。「これだけの窒素があり、酸素の働きを弱めてくれているので、ロウソクをよい具合に燃やすことができますし、私たちの肺は、健康に、かつ安全に呼吸ができているのです。窒素と酸素の割合は、燃焼にとっても重要ですが、私たちの呼吸にとっても重要なのです」

▶ 現在わかっている大気組成の例

成分	体積割合（％）
窒素	78.1
酸素	20.9
アルゴン	0.934
炭酸ガス（二酸化炭素）	0.0390
ネオン	0.00182
ヘリウム	0.000524
メタン	0.000181
クリプトン	0.000114

気体の重さ

ファラデーは空気の重さ、酸素と窒素の重さについて話を続けます。1立方メートルあたりの重さは、空気は1293グラム、酸素は1429グラム、窒素は1251グラムです。空気の約80パーセントが窒素で、約20パーセントが酸素なので、空気は窒素より少しだけ重くなります。

「皆さんはよく『気体の重さはどうやって量るの？』とお聞きになります。とても嬉しい質問です。ごく簡単にできるので、ここでお目にかけましょう」。そう言ってファラデーは、銅製のビンを取り出します。十分に強く、しかしできるだけ軽く作られたビンで、栓がついています。栓を開けた状態で天秤にかけ、重りを載せて、きっちりと釣り合わせます。その後、ファラデーはポンプを使って、ビンに空気を入れます。ポンプを20回動かした後、栓を閉めて天秤に載せると、傾きました。

「こんなに下がりました。なぜでしょうか？ ポンプで押し込んだ空気のせいですね。押し込んだ空気の量が、どれだけあるかを確かめてみましょう」。こう言ってファラデーは、水の詰まったガラス容器と、空気を押し込んだビンをつなぎ合わせます。

押し込められた空気はガラス容器に移りました。もう一度、ビンを天秤に載せると、釣り合います。傾いたときの重さと、釣り合ったときの重さの差、それが詰め込んだ空気の重さです。

「私はこの部屋の中にある空気の重さを計算してみました。想像できないと思いますが、1トン以上もあるのです」

クリスマスレクチャーは、大きな半円形の階段講堂で開催され、900名もの聴衆がいたそうです。大きな部屋だったので、空気の重さも1トン以上となりました。ちなみに、日本の小学校の教室なら、縦7×横9×高さ3メートル程度なので、体積は189立方メートル程度、空気の重さは約244キログラムです。

ファラデーは実験を続けます。「先ほど空気を押し込むのに使ったポンプと似たようなポンプを使うことにしましょう。空気中で手を動かすのはとても簡単なことです。何か抵抗を感じるためには、よほど早く動かさなければなりません」

「空気ポンプの入り口に手を置いて、ここの空気を抜いてみましょう。どうなるでしょう？　手がくっついてしまいました。ポンプは手と一緒に動きます。そして、見てください。手をはがすことができません。なぜでしょうか?」

「これは空気の重さのためなのです。私の手の上にある空気の重さによるのです。もっとよくおわかりいただくために、もう一つ実験をしましょう」。ファラデーは半透明の薄い膜を取り出し、ガラス筒にかぶせます。この膜は、動物の膀胱膜で、プラスチックのなかった時代には、このような実験によく使われていたようです。

第5講　空気の中には何がある？

　ガラス筒の中の空気をポンプで抜くと、平らだった膜が、下がっていきます。膜はどんどん下がっていき、大きな音とともに破れました。ファラデーは五つの立方体の積み木を重ねて、話を続けます。

　「上から押している空気の重さで、膜が破れました。空気を作っている気体の粒は、ここにある五つの立方体のように、重なり合っています。上の四つは一番下の立方体の上に載っているので、一番下の立方体を外すと、上の四つが落ちてくるのは当然ですね。空気も同じです。上の方の空気は下の空気に支えられています。だから、下の方の空気をポンプで取り去れば、ポンプの上に載せた手が取れなくなったり、膜が破れたりするのです」

　中から引っ張られるのではなく、上から押されて、手がポンプから離れなかったり、膜が破れたりするのですね。ファラデーは、「上にある空気の大きくて強い働き」が起こす現象だと語ります。

大気圧を実感する

　ファラデーは吸盤を手に取りました。「これは子ども
のおもちゃを改良したものです。今日は、おもちゃを学
問的に研究してみましょう。このゴム製の吸盤を、テー
ブルの上にたたきつけます。くっつきました。なぜ、く
っついたのでしょうか?」

　そして、ファラデーは吸盤をテーブル上で滑らせます。
「あちこち滑らせることはできますが、引っ張って取ろう
とすると、テーブルまで一緒に引き上げそうです。テー
ブルの端に持ってきたときに、やっと引き離せます。こ
れも、上から大気の圧力で押さえつけられているからな
のです」

　「皆さんがおうちに帰ってからできる実験をお見せし
ましょう。ここに水の入ったコップがあります。『このコ
ップを逆さまにしても水がこぼれないようにしてください』と言わ
れたら、皆さんはどうしますか?　手でふたをしたりするのはだめ
です。大気の力を使ってこぼれないようにするのです。いかがで
しょう、皆さん、できますか?」

　ファラデーは1枚のカードをコップの上に載せて、コップを逆
さまにします。水はこぼれませんでした。大気の圧力でカードが
押しつけられているからです。

　「もう一つ、空気の力を示す実験をやってみましょう。空気鉄
砲です。細い紙の筒や、アシの茎など細い管を用意してください。
そして、ジャガイモかリンゴを薄く切って、管を突き刺し、弾丸
として切り取り、管の端に押し込みます。もう1個、弾丸を切
り取って、反対側の端に詰めます。これで、私たちの意図通り、

第5講　空気の中には何がある？

水の入ったコップにカードを載せ、ひっくり返す。
大気圧があるので、カードは落ちない

空気が完全に管の中に閉じ込められました」。ファラデーは、一方の弾丸を反対側の弾丸に向かって押し込みます。ポンッと弾丸が飛び出しました。

「どんな力をもってしても、この小さな弾丸を、もう一つの弾丸にくっつけることは不可能です。絶対にくっつけられないのです。もちろんある程度までは、空気を押していくことができますが、押し続けると、もう一つの弾丸にくっつくより前に、閉じ込められていた空気が、火薬のような力で、前方の弾丸を吹き飛ばしてしまいます。実際に火薬にも、今、私が示したのと同じ力が働いています」

ファラデーが行ったこの実験、今はストローで簡単にできます（次ページ参照）。

TRY 7 | ストロー鉄砲

空気の力で、ジャガイモの弾丸を飛ばします。空気はある程度は圧縮できますが、もとに戻ろうとします。

◆ 用意するもの
太めのストロー、細いストロー、ジャガイモ（リンゴでもよい）、包丁、まな板など

ストローは硬くてしっかりしたものが向いている

◆ 手順
1. ジャガイモを1センチメートル弱の厚さに切る。
2. 太めのストローを7～8センチメートルの長さに切り、1に突き刺す（**a**）。引き抜いて、ジャガイモの弾丸が、太めのストローの端に詰まっているようにする（**b**）。
3. 2と同様に、太めのストローの反対側にも弾丸を詰める（**c**～**d**）。
4. 細いストローで弾丸を押し出す（**e**～**f**）。

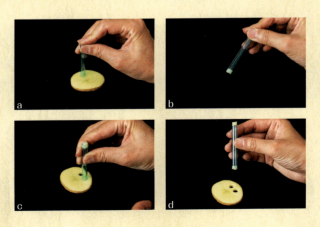

第5講　空気の中には何がある？

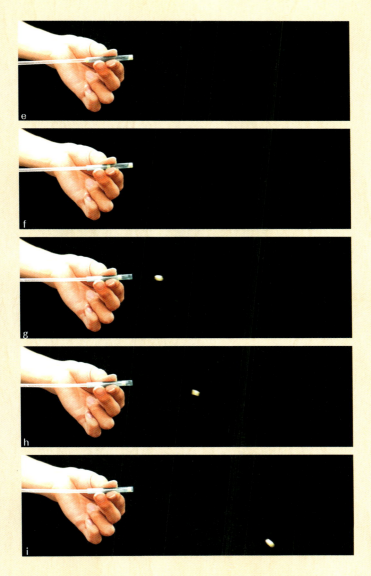

空気の弾性

「この空気鉄砲に、ジャガイモの弾丸を2分の1〜3分の2インチ(約1.3〜1.7センチメートル)押し込んだだけで、最初の弾丸を押し出すことができました。これは空気の弾性という性質によるものです。私が、空気の重さを量るために銅のビンの中に空気を押し込んだときにも、弾性は働いていたのです」

ファラデーは空気の不思議な性質について説明します。

「まず、空気をうまく閉じ込めておけるものを探しましょう。何でもいいのですが、例えばこの膀胱膜にしましょう。これは伸びたり縮んだりしますから、空気の弾性を測るにも都合がいいの

ガラス容器の中に風船を入れる。風船の大きさはガラス容器の中に入れただけでは変化しない

第5講　空気の中には何がある?

です。この膜の中に少し空気を閉じ込めて、ガラス容器の中に入れます。それからガラス容器の中の空気を、ポンプを使って取り去ってみますと、ご覧のように膀胱膜はどんどん広がって、ガラス容器いっぱいに広がりました。これで皆さんに、空気の弾性、圧縮性と膨張性についておわかりいただけたと思います」

現代では、空気の弾性を利用した「空気ばね」が、産業ロボットや免震装置など、さまざまなところに使われています。自動車のタイヤも、空気に弾性があることを利用していますね。

空気の弾性は、空気中に窒素や酸素などの気体が存在することで生まれます。どんなに圧力をかけても、決して空気の体積がゼロにならないのは、気体の分子が存在するからです。

ガラス容器内の空気を抜いていくと、風船がどんどん大きくなり、ガラス容器いっぱいに広がる

123

ロウソクが燃えてできるもう一つの気体

　空気には重さがあること、弾性があることをさまざまな実験で示し、ファラデーは次の話題に移ります。

　「もう一つ、非常に大切な問題に移りましょう。前にロウソクを燃やしてみたとき、さまざまなものができたことを思い出してください。あのとき、ススと水ができたことは確かめましたが、その他のものは調べませんでした。私たちは水だけを集めて、他のものは空中に逃がしてしまったのです。逃がしたものを、これから調べてみましょう」

　ファラデーは火のついたロウソクの上に、ガラス容器をかぶせます。上には排気口がついていて、下の部分はあいており、空気が自由に通れるようになっています。

　「内側が湿ってきました。これは皆さんがすでにご存じのように、ロウソクの中の水素と、空気中の酸素が働いてできた水です。これ以外にも何かが上の方に出ています。湿っておらず、凝結もしません」

　この気体の出ているところへと、ファラデーは別の火を近づけました。すると、炎が消えました。「皆さんはこれを当然のことだとおっしゃるでしょう。空気の中の酸素は使われてしまい、窒素が残っている。出てきた気体は窒素だ。ロウソクは窒素の中では燃えるわけはない、と。しかし、この中には窒素の他に何もないのでしょうか?」

　ファラデーは何も入っていないビンを取り出し、排気口の上にかざします。目には見えませんが、ロウソクの燃焼でできた気体がたまっているはずです。

124

第5講 空気の中には何がある？

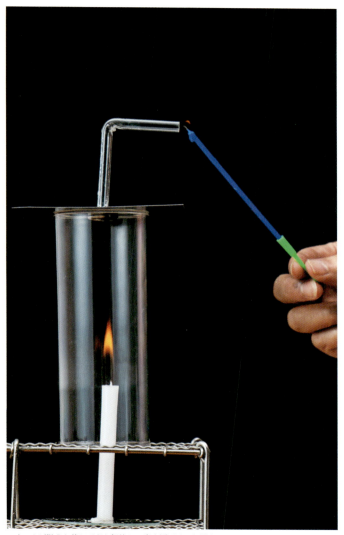

ロウソクが燃えた後にできた気体に、炎を近づけると消える

「さて、石灰を少し取って、水を加えます。しばらくかき混ぜてから、濾紙でこすと、あっという間に透明な液体が下のビンに流れていきますね。これは石灰水です。では、ロウソクからできた気体の入っているビンの中に、この美しい透明な石灰水を少し入れてみましょう。どんな変化が起こるかご覧ください」。石灰水は、白く濁りました。

「ここに空気を詰めたビンがあります。石灰水を加えても、何の変化もありません。酸素でも窒素でも、石灰水は変化しません。完全に透明なままです。しかし、ロウソクからできたこの気体を入れると、石灰水はたちまちミルクのように白くなるのです」

石灰水は、空気と混ぜたところで何の変化も見せませんが、ロウソクからできた気体と反応させると、白い粉を作り出しました。

石灰に水を入れて、濾紙でこすと無色透明の石灰水になる

ロウソクの燃焼によってできた気体に石灰水を混ぜ合わせると、白濁する

ファラデーは、この白い粉が、ファラデーの手にしているチョークとまったく同じものであると話します。

「この気体は、皆さんが思いもかけぬようないろいろな場所に隠れています。ロウソクから出てくるこの気体は、炭酸ガス（二酸化炭素）です。炭酸ガスはあらゆる石灰岩に非常にたくさん含まれていますし、貝殻、サンゴ、そしてチョークなども、この炭酸ガスをたくさん含んでいます。このような石のようなものの中に、炭酸ガスは固定されているのです」

炭酸ガスはチョークや大理石などに、気体ではなく、固体に変わった姿でたくさん含まれています。このように固体の形で固定された炭酸ガスのことを、スコットランドのジョセフ・ブラック（1728〜1799年）は、「固定気体」と名づけました。

貝殻やサンゴは海の中で、炭酸ガスを取り込んでいる。チョークは石灰岩などを原料として作られている。石灰岩は、太古の海に棲んでいた生物の殻が堆積したもの

「私たちは、大理石の中に固定された炭酸ガスを取り出すことができます。このビンには塩酸が少し入っています。ここに大理石のかけらを入れてみます」

ファラデーが、塩酸の中に大理石のかけらを入れると、泡がブクブクと出てきました。

「この気体が炭酸ガスです。炭酸ガスについてもう少し実験をして調べてみましょう。この容器には、炭酸ガスが満ちています。私たちがこれまで、酸素や水素、窒素といった気体で行ったのと同じように、燃焼の様子を見てみましょう。火のついたロウソクを入れると、どうなるでしょうか?」。炎は消えてしまいました。炭酸ガスは燃えず、燃焼を助けることもありません。

「そして、この気体は水を通しても集められます。つまり、水にあまり溶けません。石灰水を白く濁らせる働きがあることはわ

塩酸の中に大理石のかけらを入れると、炭酸ガス(二酸化炭素)の泡が出てくる。炭酸ガスは水にわずかに溶ける

かっています。白くなるのは、炭酸ガスが、炭酸カルシウム、すなわち石灰岩の成分の一つに変わったからです」

「次にお目にかけたいのは、炭酸ガスは、水に溶けにくいと言っても、少しは水に溶けるということです。この点で、炭酸ガスは酸素や窒素と異なります」

ファラデーは炭酸ガスを発生させて、水の中を通し続ける装置を聴衆に見せました。「炭酸ガスが泡になって、水の中をのぼっていくのが見えますね。一晩中やっておいたのですから、炭酸ガスが水中に溶けているはずです。ちょっと味わってみましょう。少し酸っぱいです。ここで石灰水を少し入れてみれば、本当に炭酸ガスが溶け込んでいるかどうかがわかります。石灰水を加えてみましょう。こんなに濁って白くなり、炭酸ガスがあることが証明されました」

炭酸水に石灰水を加えると白濁する。炭酸水が酸っぱいのも、炭酸ガスが溶け込んでいるからである

129

| TRY 8 | 石灰水の色を変える

石灰水はご家庭でも簡単に作ることができます。ただ、目に入ったり手にかかったりしないよう、取り扱いには注意が必要です。

◆ 用意するもの
海苔（のり）などに添えられている石灰乾燥剤（生石灰またはCaOと書かれているもの）、ペットボトル、炭酸水

石灰乾燥剤の袋の中身。
手につかないよう気をつける

◆ 手順
1. 石灰乾燥剤が手につかないように注意しながら、ペットボトルに入れ、水を加えてふたを閉め、よく振る（**a**）。
2. 白濁した液が透明になるまで置く（**b**）。
3. 透明な上澄み（石灰水）を、カップに移す（**c**）。炭酸水を加える（**d**）。
4. 白濁後、さらに炭酸水を加えてみる（**e**〜**f**）

＊石灰水は強いアルカリ性で、目に入ると危険です。手についたらすぐに洗いましょう。
＊石灰乾燥剤が新しい場合、水を入れると発熱します。

第5講 空気の中には何がある？

131

ファラデーは石灰水に炭酸水を入れて白濁させましたが、白濁した石灰水に炭酸水をさらに加え続けると、透明になっていくのです。

石灰水は、水酸化カルシウム溶液です。水酸化カルシウムは炭酸ガス（二酸化炭素）と反応して、炭酸カルシウムとなります。この炭酸カルシウムが、貝殻やサンゴ、チョークの主成分です。水に溶けにくいので、透明だった石灰水が白濁します。

$$Ca(OH)_2 + CO_2 \rightarrow CaCO_3 + H_2O$$
水酸化カルシウム　　炭酸ガス　　炭酸カルシウム　　　水

この炭酸カルシウムは炭酸ガスと水と反応し、炭酸水素カルシウムになります。炭酸水素カルシウムは水に溶けます。そのため、炭酸カルシウムにより白濁した石灰水に、炭酸水を加え続けると、炭酸カルシウムが炭酸水素カルシウムになって、透明な溶液になるのです。

$$CaCO_3 + CO_2 + H_2O \rightarrow Ca(HCO_3)_2$$
炭酸カルシウム　　炭酸ガス　　　水　　　炭酸水素カルシウム

上記の反応とは逆、つまり、炭酸水素カルシウムが炭酸カルシウム、炭酸ガス、水になる反応も起こります。石灰岩（炭酸カルシウム）の中を、炭酸ガスが溶け込んだ雨水が通ると、炭酸水素カルシウムができます。この炭酸水素カルシウムは雨水に溶けて地下に染み込み、空洞に落ちることがあります。すると炭酸カルシウムに戻り、長い長い時間をかけて、鍾乳洞ができるのです。

炭酸ガスの重さ

　炭酸ガスは、水素はもちろん、窒素や酸素よりも重い気体です。ファラデーは、今までに調べたいろいろな気体の重さを一覧にして示します。今の日本でおなじみの単位、1リットルあたりのグラム数に換算すると、右下の表に近い値になります。

▶ ファラデーが示した気体の重さ

	Pint. パイント	Cubic Foot. 立方フィート
Hydrogen, 水素	3/4 grains. グレーン	1/12 ounce. オンス
Oxygen, 酸素	11 9/10 ,,	1 1/3 ,,
Nitrogen, 窒素	10 4/10 ,,	1 1/6 ,,
Air, 空気	10 7/10 ,,	1 1/5 ,,
Carbonic acid, 炭酸ガス（二酸化炭素）	16 1/3 ,,	1 9/10 ,,

現代の表

1リットルの重さ

水素　0.09g

酸素　1.43g

窒素　1.25g

空気　1.29g

炭酸ガス
（二酸化炭素）
　　 1.96g

　「炭酸ガスが重い気体だということは、いろいろな実験で知ることができます。空気が入っているコップの上で、炭酸ガスの容器を傾けて、炭酸ガスを流し込んでみましょう。見た目では、炭酸ガスが流れていったかどうかわかりません。ロウソクを入れてみましょう。火が消えました。炭酸ガスが入っていますね。石灰水で調べてみても、確かに入っていることがわかります」

炭酸ガスを入れたコップの中に火のついたロウソクを入れると、消えた

この後、ファラデーは天秤を使って、空気と炭酸ガスの重さの違いを確認する実験も行いました。

そして、いよいよ本日最後の実験です。

「私がシャボン玉を吹くと、空気が入っていますから、それを炭酸ガスの入っている容器に落とすと、ふわりと浮いてくるはずです。やってみましょう」

空気中だと、シャボン玉は下に落ちて割れてしまいますが、炭酸ガスを入れた容器の中では、ふわふわと浮いたままです。空気よりも炭酸ガスが重いことがよくわかります。

「炭酸ガスの話も、ずいぶん進みました。ロウソクが燃えると炭酸ガスができること、炭酸ガスの物理的な性質や、重さなどを学びましたね。次回は、炭酸ガスが何からできているか、炭酸ガスを作る成分はどこから来るかについてお話ししましょう」

こうして、第5回目の講演は終わりました。

▶ 第5講でわかったこと

空気の特徴
❶ 80％近くが窒素、約20％が酸素である
❷ 重さがあり、それで大気圧が生じる
❸ 弾性がある

炭酸ガス（二酸化炭素）の特徴
❶ ロウソクの燃焼によってできる
❷ 燃えず、燃焼を助けることもない
❸ 大理石やチョークなど（炭酸カルシウム）に含まれており、それらと強酸を反応させることで得られる
❹ 石灰水を白く濁らせる
❺ 空気より重い

第5講 空気の中には何がある？

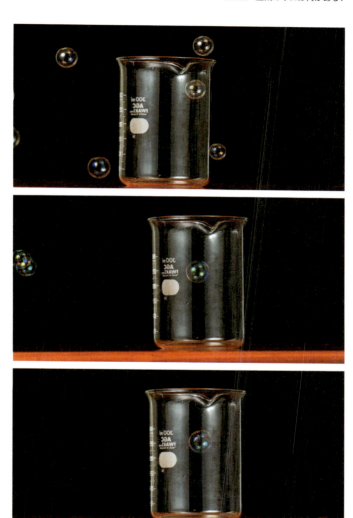

炭酸ガスの入っている容器に、空気のシャボン玉を落とすと、底まで落ちず、しばらく浮いたままとなる

コラム
科学を伝える

　ファラデーは科学者としての才能のみならず、科学を伝える才能にも秀でており、何より、膨大な努力を惜しみませんでした。本人は講演の仕方について、次のように書いています。

　「科学者にとっては、科学ははかりしれない魅力があるものだが、残念ながら一般の人々は、その道に花が咲き乱れていないと、1時間という短い時間でも我々についてきてくれない」。そのため聴衆の興味を引くために最大限の努力をしました。「落ち着いてゆっくりと話すこと。発声の技術を身につけ、思っていることや言いたいことをなめらかに調子よく、しかも単純で易しい言葉で表す力を持つように、あらゆる努力をしなければならない。伝えたいことが明瞭に伝わるような文と表現にすること。聴衆が理解のために労力を使うことになると、倦怠、無関心、あるいはうんざりといった気持にさせてしまう」。実際に、講演の最中には、助手のアンダーソンが「ゆっくり」というカードと「時間」というカードを持ち、状況に応じて上げていました。

　ファラデーは演示実験を非常に多く行いました。「どんなことであっても、当然知っているものだと決めつけてはいけない。耳に訴えると同時に、目にも訴えること」としていたためです。

　「伝えること」についてここまで厳しく自らに課す一方で、世俗的な成功、名誉には無関心でした。だからこそ今の時代にも、分野を問わず、ファラデーに憧れる人が絶えないのでしょう。

第**6**講

息をすることと
ロウソクが燃えること

CARBON OR CHARCOAL−COAL GAS−RESPIRATION
AND ITS ANALOGY TO THE BURNING OF A CANDLE
−CONCLUSION.

和ロウソク

　「ロウソクの科学」の最終日が始まりました。ファラデーは、美しい2本のロウソクを手にして語ります。
　「講演を聞きに来てくださっていたご婦人が、ご親切にもこの2本のロウソクを私に贈ってくださいました。日本製のロウソクです。ご覧の通り、フランスのロウソクなどよりはるかに飾りが多く、とても豪華なロウソクです。これらには、注目すべき特徴があります。それは、芯に穴があいているということです」
　芯に穴があいているので、中心部にも空気が通り、完全燃焼

現代の和ロウソク。ファラデーの時代には、彫りなどが施されていたのかもしれない。芯は洋ロウソクよりも太く、空気の通り道がある

第6講 息をすることとロウソクが燃えること

しやすくなっているのが和ロウソクの特徴です。和ロウソクは、ロウはウルシ科のハゼノキを原料とし、芯は和紙を丸めて、イグサの中心部（髄）を巻きつけて作られているそうです。

「さて前回は、炭酸ガスについていろいろお話ししました。石灰水によるテストをしましたね。石灰水にロウソクが燃えてできる気体を入れると、白い濁りが生じました。この白いものは、貝殻、サンゴ、その他、地中にあるさまざまな岩石や鉱物の中にあるのと同じ、石灰質の物質だったのです。しかし、炭酸ガスの化学的な性質については、十分にはご説明しませんでしたね。今回はこのことについて、お話ししていきましょう」

前回までの講演で、ロウソクが燃えると水ができることがわかりました。水は水素と酸素という二つの元素からできていました。今度は、「炭酸ガスが、どんな元素からできているのか」をファラデーは実験で明らかにしていくようです。

　「皆さんはロウソクが不完全燃焼するときには煙、すなわち炭素が出て、完全燃焼しているときには炭素が出ないことを覚えていらっしゃると思います。ロウソクの炎が明るいのは、固体である炭素があるからだとも知っておられます。ロウソクの炎の中に炭素があって、それが燃えている間は、炎の光は明るく、決して黒い粒にはならないということを、お示ししたいと思います」

　ファラデーは、海綿にテレピン油を染み込ませたものに火をつけます。煙が立ちのぼってきました。

　「煙がたくさん空中に漂っていますね。この火のついた海綿を、

海綿は、海に生息する「モクヨクカイメン」のスポンジ状の組織を乾燥させたものである。貝殻を持たず、海中に浮遊しているプランクトンを濾過して摂取している

海綿にテレピン油を染み込ませて火をつけると、黒い煙が立ちのぼる。酸素が足りず、不完全燃焼となるからだ

酸素で満たしたフラスコに入れてみます。ほら、煙がまったく出なくなりました。先ほど空気の中で燃えているときにはあれほど出ていた煙、すなわち炭素が、酸素の中では、炎の中で完全に燃えています。この大ざっぱで簡単な実験でも、ロウソクが燃える実験のときと、同じ結論と結果が得られました。私がこのような実験をお見せするのは、一つひとつの証明を単純化することで、皆さんが、理論の道筋を見失わずにたどっていけるようにしたいからなのです」

「さて、酸素や空気の中で燃えた炭素は、炭酸ガスになって出てきます。しかし、燃えていないときには、炭素の粒となります。炭素は、酸素が十分にあれば、炎を明るくし、炭酸ガスとなりますが、燃えるのに必要な酸素が十分にないときには、炭酸ガスとならず、煙となって外へ出てくるのです」

酸素で満たした容器の中に、煙を出して燃えている海綿を入れると、煙が出なくなる。酸素が十分にあるため、完全に燃焼している

炭酸ガスの性質

　炭素と酸素が結びついて炭酸ガスになります。このことをはっきりさせるために、ファラデーは次に、木炭を使った実験をします。木炭は木材を蒸し焼きにして炭化したもので、ほぼ炭素だけでできています。

　ファラデーが木炭の粉を、炉で熱したるつぼに落とすと、赤くなりました。その赤い粉を、酸素の入った容器の中に入れると、明るい炎を上げて燃え始めます。「遠くにおられる方々には、炎を上げて燃えているように見えるでしょう。しかし、そうではないのです。小さな炭の粒、一つひとつがすべて火花のように燃え

細かく砕いた木炭を、熱したるつぼに落とすと赤くなる。それを酸素の入った容器の中に入れると、明るく燃える

第6講　息をすることとロウソクが燃えること

て、炭酸ガスを出しているのです」

　次にファラデーは、粉状の木炭ではなく、小さな塊の木炭を燃やします。木炭は燃え始めます。小さな燃焼が一度にたくさん起こって火花が出ますが、炎は上がりません。この燃焼でできた気体を石灰水に通すと、白濁しました。炭酸ガスが生じたことがわかります。

　「重さにして6の炭素と、重さにして16の割合で酸素を一緒にすると、重さが22の割合で炭酸ガスができます。そして、割合にして22の炭酸ガスと28の生石灰が結びつくと、炭酸石灰になるのです。牡蛎（カキ）の殻の成分を調べますと、どの部分でも、炭酸石灰50につき、炭素6、酸素16、石灰28の割合で結びついています」

木炭を熱すると赤くなるが、炎は出ない。木材を蒸し焼きにして作られる木炭は、炭素の塊となっているので、木材のように燃焼時に炎を出さない

143

▶ 現代の周期表と炭酸ガスなどの分子構造（模式図）

炭酸ガス（二酸化炭素）
炭酸石灰（炭酸カルシウム）
生石灰（酸化カルシウム）

1	2	3	4	5	6	7	8	9	10	11	12	13	14	15	16	17	18
1 H 1.008																	2 He 4.003
3 Li 6.941	4 Be 9.012											5 B 10.81	6 C 12.01	7 N 14.01	8 O 16	9 F 19	10 Ne 20.18
11 Na 22.99	12 Mg 24.31											13 Al 26.98	14 Si 28.09	15 P 30.97	16 S 32.07	17 Cl 35.45	18 Ar 39.95
19 K 39.1	20 Ca 40.08	21 Sc 44.96	22 Ti 47.87	23 V 50.94	24 Cr 52	25 Mn 54.94	26 Fe 55.85	27 Co 58.93	28 Ni 58.69	29 Cu 63.55	30 Zn 65.38	31 Ga 69.72	32 Ge 72.63	33 As 74.92	34 Se 78.97	35 Br 79.9	36 Kr 83.8
37 Rb 85.47	38 Sr 87.62	39 Y 88.91	40 Zr 91.22	41 Nb 92.91	42 Mo 95.95	43 Tc [99]	44 Ru 101.1	45 Rh 102.9	46 Pd 106.4	47 Ag 107.9	48 Cd 112.4	49 In 114.8	50 Sn 118.7	51 Sb 121.8	52 Te 127.6	53 I 126.9	54 Xe 131.3
55 Cs 132.9	56 Ba 137.3	57～71	72 Hf 178.5	73 Ta 180.9	74 W 183.8	75 Re 186.2	76 Os 190.2	77 Ir 192.2	78 Pt 195.1	79 Au 197	80 Hg 200.6	81 Tl 204.4	82 Pb 207.2	83 Bi 209	84 Po [210]	85 At [210]	86 Rn [222]
87 Fr [223]	88 Ra [226]	89～103	104 Rf [267]	105 Db [268]	106 Sg [271]	107 Bh [272]	108 Hs [277]	109 Mt [276]	110 Ds [281]	111 Rg [280]	112 Cn [285]	113 Nh [278]	114 Fl [289]	115 Mc [289]	116 Lv [293]	117 Ts [293]	118 Og [294]

＊周期表は1869年、ロシアのメンデレーエフによって提唱されました。その後、新しく発見された元素が加わり、上記のような形になりました。

＊アルファベットの元素記号の上の数字が原子番号、下の数字が原子の重さ。ファラデーの時代には分子や原子について詳しいことがわかっていませんでしたが、前ページの重さの計算が正しいことを確認できます。

　「さて、細かい話はこれくらいにして、先に進みましょう。見てください。酸素の容器の中の木炭は、静かに燃えて、このように、消えてなくなっていきました。木炭が周りの空気に溶け込んだと言ってもいいくらいです。木炭が完全に純粋な炭素のみであれば、燃えた後には何も残りません。灰すら残らないのです。木炭は、熱によって固体の形を変えることなく、燃えて気体となります。この気体は、普通の状況では、凝結して液体になったり、固体になったりすることはありません」

　炭素が酸素中で燃えると、炭酸ガスだけが残ります。炭酸ガスが固体となったものを、現代の私たちは目にすることも多いですね。ドライアイスです。

　「さらに奇妙なことに、酸素と炭素が化合しても体積は変わらないのです。酸素だけだったときの体積と、炭酸ガスばかりにな

ったときの体積は、まったく同じなのです。もう一つ別の実験を
ご覧いただきましょう。炭酸ガスは炭素と酸素からできている化
合物なのですから、もとの成分に分解することができるはずです」

　最も手っ取り早い方法として、ファラデーは「炭酸ガスと反応
して、そこから酸素を奪い取り、後に炭素を残すような物質」を
用いることにしました。「以前、水を水素と酸素に分解するとき
には、カリウムを使ったことを覚えていらっしゃいますね。カリ
ウムは水から酸素を奪い取りました。炭酸ガスについても、やっ
てみましょう」

　ファラデーは、炭酸ガスで満たした容器を用意します。「この
中が本当に炭酸ガスかどうかを、リンを燃やして確認してみまし
ょう。リンは非常によく燃える物質です。空気中ではこのように、
激しく燃えていますね。しかし、炭酸ガスの中に入れると消えて
しまいました。取り出すと、また火がつきましたね。容器の中は
炭酸ガスで満ちていて、酸素がないことが確認できました」

　次にファラデーはカリウムを取り出し、空気中で発火させます。
「では、この火のついたカリウムを容器に入れましょう。ご覧の
通り、炭酸ガスの中で、カリウムが燃えています。燃えていると
いうことは、酸素を奪い取っているということですね。燃えた後
のカリウムを水に入れてみましょう」。水の中に、黒い粉末が出
てきました。「これが炭酸ガスから取れた炭素です。ありふれた
黒い物質です。炭酸ガスが、炭素と酸素からできているというこ
とが、完全に証明できました。炭素が普通の状況で燃えるときは、
いつでも炭酸ガスができます」

　今度は、石灰水の入ったビンに、木片をそのまま入れます。「い
くら振ってもこの通り、液は澄んだままです。このビンの中で、
木片を燃やしてみましょう。炭酸ガスはできるでしょうか？　でき

145

ました。正確に言えば、その白いものは炭酸石灰ですが、炭酸石灰は炭酸ガスから、炭酸ガスは炭素から、炭素は木あるいはロウソクなどからできたのです」

ファラデーは、また別のビンを用意しました。中は無色透明です。「炭素は必ずしも炭の形を取るわけではありません。ロウソクのように、炭素を含んでいても、炭にならないものもあります。このビンの中に詰まっている石炭ガスも、燃えると炭酸ガスをたくさん出しますが、炭素を見ることはできませんね。今、炭素を見えるようにしてみましょう。火をつけてみます。ビンの中に石炭ガスのある間は燃えています。炭素は見えませんね。でも、炎は見えます。そしてこの炎が明るいことから、この炎の中に炭素の粒があって、燃えているということが想像できます」

炭素の粒、すなわち固体のままで燃えるものがあるので、炎は明るくなるのでした。石炭ガスの炎は明るく燃えることから、炭素の存在が確認できました。

現代のガスバーナーに炭素の粉を吹きつけても、火花が出て燃え、固体は残らない

第6講　息をすることとロウソクが燃えること

燃えてなくなる炭素

　ファラデーは講演の途中で休みを入れませんでした。中断すると、聴衆の関心が途切れてしまうと考えていたからです。ファラデーは続けます。

　「炭素は燃えるとき、固体のままで燃えますが、燃えた後は固体ではなくなることをご覧いただきました。しかし、このように燃える燃料はごくわずかなのです。石炭、木炭、それから木などの炭素系のものが、このような燃え方をするのです。私は炭素の他に、このような燃え方をする元素を知りません」

木炭、石炭、木材はいずれも炭素を含んでおり、炭素が燃える。
いずれも燃えた後は消失するか、わずかな灰が残るのみだ
写真:istock.com/Givagaほか

147

「もし炭素がこのように燃えなかったら、どんなことになっていたでしょうか？　すべての燃料が鉄のように、燃えても固体として残るとしましょう。この暖炉ではそのような燃料は使えません」

　燃料が燃えた後、残ってしまうとなると、燃えたものを取り出すという作業が必要になり、非常に面倒ですね。ファラデーは鉛の粉末が入ったガラス管を取り出し、テーブルに置いた鉄板の上で割りました。空気と接触した鉛は燃えだします。

　「ここに炭素とは別の燃料があります。炭素と同様よく燃えます。実際に、空気と触れ合わせるだけで、ご覧の通り、火がつきました。この物質は鉛です。とてもよく燃えていますね。この管の中の鉛は、非常に細かく砕かれているので、空気が表面だけでなく、内側にも入り込んで、燃えています。しかし、これを一つの塊にすると、燃えません。空気が中まで届かないからです。鉛は燃えるときに多くの熱を出すので、ストーブやボイラーに使い

暖炉の燃料として、炭素を多く含む木が使われるのには理由がある

第6講 息をすることとロウソクが燃えること

たいところなのです。しかし、燃焼後の鉛は、燃焼前の鉛にくっついてしまいます。すると燃焼する前の鉛は、空気に触れることができなくなり、燃えることができなくなってしまいます。炭素の場合とはなんと違うことでしょう」

燃焼には空気中の酸素が必要です。炭素は燃えた後に消えてなくなるので、常に燃える前のものが空気に触れることになり、全体が燃えつきるまでその状態が続きます。

ファラデーは、ガラス管の中で燃えていた鉛の粉末も、残らず鉄板の上に出しました。燃え終わった鉛をすべて集めると、ガラス管の中には入りそうにありません。鉛は、燃える前より、燃えた後で残るものの方が多いことがわかります。「鉄を燃料にすると、光を得るにも熱を得るにも苦労します。リンは燃えてできるものが固体で、部屋中煙だらけになってしまいます」。炭素が燃料として非常に適している理由がよくわかりました。

▶ 燃料に適しているのは炭素

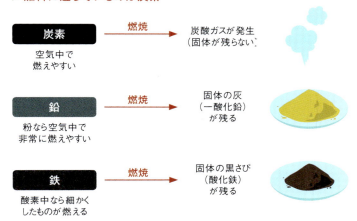

汚れた空気とは

「さて、今度はロウソクの燃焼と、私たちの体の中で起こっている『生きた』燃焼との関係をお話ししましょう。私たちの体の中では、ロウソクの燃焼に非常によく似た燃焼作用が起こっています。人の命をロウソクに例えるのは、詩的な意味からだけではないのです」

ロウソクと、私たち自身の体の中で起こっていることに関係があるというのは、どういうことなのでしょうか？ ファラデーは、実験により、この関係を明らかにしていきます。

「ここに溝を掘った板があります。この溝を覆ってトンネル状にし、両端にガラス管を取りつけますと、空気が自由に通り抜けます。ロウソクを持ってきて、ガラス管の一方に立てると、ご覧のようによく燃えます。燃焼に必要な空気が反対側から入っ

第6講　息をすることとロウソクが燃えること

てきて、ロウソクのあるガラス管に上がっていくことがわかりますね。空気の入る方の口をふさぐと、ロウソクは消えてしまいます。空気の供給を絶ったので、ロウソクが消えたのです。さて、ここで、この事実を皆さんは、どのようにお考えになるでしょうか?」。ファラデーは以前に見せた、燃えるロウソクから出た炭酸ガスで、もう1本のロウソクが消えた実験を聴衆に思い出させます。

「今、別の燃えているロウソクから出る空気を、ここに送り込むと、ロウソクは消えるはずです。しかしながら、私の吐く息で、このロウソクの炎を消すことができると申し上げたら、皆さんは何とおっしゃるでしょう？　吹き消すのではありません。私の吐く息ではロウソクは燃えることができないのです」

ファラデーはガラス管に口をつけて、そっと息を吐き出しました。しばらくして、ロウソクは消えます。炎は揺れなかったので、吹き消したわけではありません。

151

「炎は酸素が足りなくなったので、消えたのです。私たちの肺は、空気から酸素を奪い取っています。そのため私の吐いた息には酸素が不足していて、ロウソクは燃え続けることができなかったのです。私の送った悪い空気が、このロウソクに届くまでに少し時間がかかりました。ロウソクは、初めは燃えていましたが、吐き出した空気が到達すると、消えてしまいました。これは私たちの研究の中でも大切な部分ですから、これからもう一つ別の実験をご覧いただきましょう」

ファラデーは底のあいたガラス容器を用意しました。管のついたコルク栓がしてあります。

第6講　息をすることとロウソクが燃えること

「この容器には新鮮な空気が入れてあります。中の空気をいったん、私の肺の中に入れて、再びこのビンの中に戻します。よく見ていてください」

「私はまず空気を吸い込み、次に吐き戻しました。水面がいったん上がって、また下がったことでおわかりいただけると思います。ではロウソクを入れます。火が消えました。中の空気がどんなになっているか、これでおわかりでしょう。わずか1回の呼吸でさえ、こんなに空気は汚れてしまうのです」

たった1回の呼吸でも、ロウソクの火が消えるほど、酸素が減って炭酸ガスが増えることがわかりました。

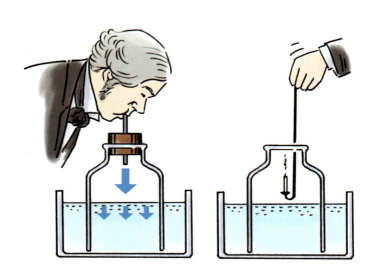

「呼吸によって何が起こっているのかを、もう少しはっきりさせるために、石灰水を使って調べてみましょう。このフラスコには石灰水が入っていて、栓には2本のガラス管がついています。1本の先は石灰水に浸かっていて、もう1本は浸かっていません」

ファラデーはまず、石灰水中に入っていない方のガラス管から空気を吸い込みます。空気は石灰水の中を通って、ファラデーの肺に吸い込まれていきます。石灰水には何の変化も起こりませんでした。

次にファラデーは、石灰水に入っている方のガラス管をくわえて、息を吹き込みます。数回吹き込んだところで、石灰水は白濁しました。「私たちが空気を汚すというのは、炭酸ガスによって汚すことだとわかるようになりましたね。その証拠として、石灰水と炭酸ガスの接触した結果が目の前にあるからです」

石灰水の入ったフラスコ。2本のガラス管の代わりにストローを用いた。右側のストローの先は石灰水の中に入っており、左側は入っていない

第6講 息をすることとロウソクが燃えること

左側のストローからフラスコ内の空気を吸い込む。右側のストローからフラスコの外の空気が入ってきて石灰水を通り、フラスコ内に入る。石灰水は濁らない

右側のストローに息を吹き込む。呼気は石灰水を通ってフラスコ内に入り、外に出ていく

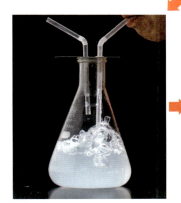

息を吹き込み続けると、徐々に石灰水が白濁していく

呼気に含まれる炭酸ガスにより白濁した石灰水

155

私たちとロウソクの関係

　私たちの吐き出す空気には炭酸ガス（二酸化炭素）が含まれていることがわかりました。空気中の炭酸ガスの量は約0.04パーセントです。一方、吐く息にある炭酸ガスは約4パーセント。窒素の量は変わらないので、空気中に約20パーセントあった酸素のうち、4パーセントが体内で炭酸ガスに変わったことになります。

　酸素が20パーセント含まれた空気を取り込み、炭酸ガスの多い気体を吐き出すという一連の過程は、昼でも夜でも、一時の休みもなく、私たちの体の中で起こっています。このことなしでは私たちは生きていることができません。万物の創造主である神様が、私たちの意思とは関係なく、体の中でこの一連の過程、すなわち呼吸が行われるようになさったのです。私たちは少しの間なら息を止めることができますが、長い時間息を止めると死んでしまいます。私たちが眠っているときも、呼吸の器官とそれに関わる器官はずっと働き続けています。空気が肺の中に入り、

▶ **呼気と吸気の組成例**

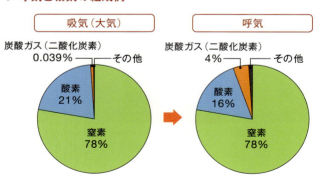

＊呼気の組成は、人や運動強度によって異なる。

酸素と炭酸ガスの置き換えが起こるという呼吸の過程は、私たちにとって絶対に必要なことなのです」

　私たちが吸った空気は、気管を通って肺に行きます。肺には、直径0.2ミリメートルほどの小さな袋状の肺胞が3億個以上も、集まっています。肺胞の表面積は合計100平方メートルに達するとも言われます。その肺胞を、毛細血管が取り囲み、ここで酸素と炭酸ガスの交換が行われます。1回の呼吸量は約0.5リットル。3秒に1回呼吸するとして、1日の呼吸回数は2万8800回。1日の呼吸量は1万4400リットルに達しますね。

「私たちは食べ物を食べます。食べ物は私たちの体の中のさまざまな消化器官を通ります。そして、消化器官で消化され、変化した食べ物の一部は血管中に入り、肺まで運ばれます。一方、私たちが吸った空気は、呼吸器官を通って、肺に運ばれ、吐き出されます。肺において、消化器官から来た血管と空気を取り込んだ管は、極めて薄い膜で隔てられて接触します。ここで空気が、血液に作用するのです」

▶ 呼吸の仕組み

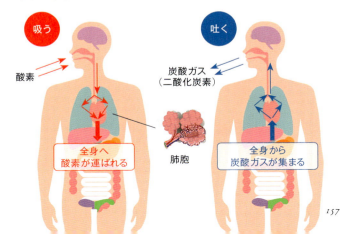

「ロウソクは空気中の酸素と化合して炭酸ガスを作り、熱も作り出します。同じように私たちの肺の中でも、この不思議で素晴らしい変化が起こるのです。肺に入った酸素は、炭素と結びついて炭酸ガスとなり、体外に排出されます。このことから、食べ物は私たちの燃料であるという結論が導き出されるのです」

ファラデーはここで砂糖を例にとり、説明します。「砂糖はロウソクと同じように、炭素と水素と酸素の化合物です。同じ元素からできていますが、ロウソクとは元素の割合が異なります」

▶ ファラデーが示した表（重さの割合）

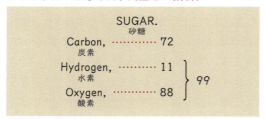

「砂糖は炭素が72、水素が11、酸素が88というふうにできています。非常に面白いことに、この水素と酸素の1:8という割合は水を作るときの割合とちょうど同じですね。ですから砂糖は、72の炭素と、99の水からできているとも言えるわけです。砂糖の中の炭素が、呼吸によって運ばれた空気中の酸素と化合するのです。炭素と酸素が化合するという、美しく単純な作用により、ロウソクと同じように熱を生じるばかりでなく、私たちの命が保たれるという素晴らしい結果が生じているのです」

そしてファラデーは、もっとはっきりわかるよう、砂糖を使った実験に移ります。「砂糖に硫酸を加えると、硫酸は水を奪い、炭素が黒い塊となって残ります」

第6講 息をすることとロウソクが燃えること

白砂糖。ブドウ糖と果糖でできたショ糖が98パーセント程度を占める。ショ糖の分子式は$C_{12}H_{22}O_{11}$で、元素としてのC、H、Cの重さの比は42.1:6.4:51.5となり、ファラデーの数字とほぼ同じ

白砂糖に濃硫酸をかけると、濃硫酸は砂糖から水を奪う。この際に熱が発生する

159

第6講 息をすることとロウソクが燃えること

「ご覧の通り、炭素が現れました。これは全部、砂糖から出てきたものです。皆さんがご存じの通り、砂糖は食べ物です。それなのに、ここに完全に固体の炭素の塊ができています。皆さん、想像できなかったことでしょう。砂糖からできたこの炭を酸化させてみましょう。きっと皆さんびっくりなさると思います」

そう言ってファラデーは、酸化剤を取り出しました。『酸化剤を炭化した砂糖に混ぜます。ほら、燃焼すなわち、炭素の酸化が始まりました』。砂糖から得た炭素は燃え始めました。そして、炭素は炭酸ガスとなって空気の中に消えていきます。

「私たちの肺の中では空気中の酸素を使って行われる酸化が、ここでは酸化剤によって、とても速く起こっているのです。燃焼や呼吸が行われているところで、必ず起こっている炭素の変化は、なんと素晴らしいことでしょう！」

濃硫酸により脱水されて炭素の塊となった白砂糖。脱水時に発熱するため、煙も出ている

大気の偉大な働き

　ロウソクの燃焼で起こっていることと、私たちの呼吸によって起こっていることは同じでした。ファラデーは続けます。

　「一人の人間の中では、24時間で、約200グラムの炭素が炭酸ガスに変化しています。乳牛は2キログラム、馬は2.3キログラムの炭素を、呼吸によって炭酸ガスに変えています。つまり、馬は、24時間につき2.3キログラムの炭を燃やし、体温を保っているのです。すべての恒温動物は、このように炭素を変化させて、体温を保っているのです」

　「大気の中で起こり続けているこの変化は、驚くほどの量になります。ロンドンだけで、24時間に2500トンの炭酸ガスが、呼吸によって作られているのです。これは、どこへ行くのでしょうか？空気の中です」

　この講演のあった時代、ロンドンは世界最大の都市で、人口は約230万人だったそうです。移動手段としては、蒸気機関車と馬車が主に使用されていました。炭酸ガスの排出量も他の都市とは比べ物にならなかったことでしょう。

　「もし炭素が、先ほどご覧いただいた鉛や鉄のように、燃えた後で固体の物質を作るとしたら、どんなことが起こるでしょう？燃焼は続きません。しかし、炭素は燃えて、気体に変わり、大気に混ざります。大気は偉大な乗り物、偉大な運搬手段であり、気体となった炭素を遠くに運んでくれるのです」

　「私たちにとっては有害な炭酸ガスですが、地球上の植物の成長には欠くことのできないものです。陸上だけではなく、水の中でも同じことが起こっています。魚や他の生き物は、空気そのものと接してはいませんが、まったく同じ原理で呼吸をしています」

第6講　息をすることとロウソクが燃えること

　ここでファラデーは金魚鉢を取り出します。日本では江戸時代に金魚を飼うことが流行りましたが、ヨーロッパでも19世紀には、金魚はペットとして親しまれていたようです。

　「この金魚も、空気から水に溶け込んだ酸素を吸って、炭酸ガスを吐き出しています。炭素や酸素は、炭酸ガスを作り出す動物界と酸素を作り出す植物界を行ったり来たりしているのです」

　次にファラデーは葉っぱと木片を取り出します。「地球上で育つすべての植物は、炭酸ガスを吸収しています。この葉っぱも、私たちが炭酸ガスの形にして吐き出した炭素を、空気から取り入れて成長しているのです。植物に、私たちが吸うような純粋な空気を与えると、生きていけないのです。他のものと一緒に炭素を与えることで、植物は生き生きと育つのです。この木片に含まれている炭素も、他の木や草と同じように、大気から取り入れたものです」

　「大気は、私たちにとって『悪』であった炭酸ガスを、『善』として必要とする植物に運ぶのです。炭酸ガスは、私たちには疾患をもたらしますが、植物には健康をもたらすので。私たち人間は、人間同士で頼り合うだけではなく、他の生き物にも頼っているのです。すべての生き物は、それぞれの作り出すものが、他の生き物の役に立つという法則のもと、つながっているのです」

　そしていよいよ、ファラデーの講演は終わりに向かいます。

金魚も、酸素を吸って炭酸ガスを吐き出す。植物は炭酸ガスを吸収する

講演の最後に

「私の話を終える前に、申し上げておきたいことがもう一つあります。先ほど、鉛の燃焼を見ていただきました。鉛の粉末は空気に触れるとすぐに燃え始めましたね。これは『化学親和力』(chemical affinity) によるものです。これまでお見せしたすべての反応は化学親和力によって起きたのです。私たちが呼吸するときも、体の中で化学親和力による反応が起こっているのです」

ファラデーはここで、「化学親和力」を、異なる物質同士が反応して化合物を作り出すという意味で使っているようです。

「ロウソクを燃やすときには化学親和力が働いています。鉛の燃焼のときも同じです。鉛は燃焼後のものが、表面にくっついてしまうために、酸素との反応が進まなくなり、燃えることができなくなります。もしも、燃焼後の生成物が、表面からなくなれば、鉛は最後まで燃え続けることでしょう」

燃焼が続く炭素と、途中で止まってしまう鉛。この他、炭素と鉛は、燃焼の始まり方も違います。ファラデーは、西暦79年にヴェスヴィオ火山の噴火によってポンペイ同様に埋もれた、ヘルクラネウムの街から発掘された書物を例に挙げます。

「鉛は、空気に触れるとすぐに燃えだしますが、炭素は空気に触れても、何日でも何週間でも、何か月でも何年でも変化しません。ヘルクラネウムから発掘された古い書物は、炭で作ったインクで書かれたものですが、1800年以上もたっていて、空気に触れていたのに、まったく変化していません」

「燃料として役に立つ炭素が、火をつけるまで、燃えるのを待っていてくれるのは驚くべきことです。空気に触れるとすぐに燃えだすものは鉛以外にもたくさんありますが、炭素はそうではな

いのです。面白くて素晴らしいことですね」

　ファラデーは再び、和ロウソクを取り出します。「ロウソクは、すぐに燃えたりせず、変化もせず、何年でも、何百年でも、待ってくれます」

西暦79年のヴェスヴィオ火山の噴火によって埋もれたヘルクラネウムの遺跡。1709年に発見されたが、火山に近かったため堆積物が多く、発掘はあまり進んでいない
写真:istock.com/porojnicu

火をつけられるのを待ち、点火されて初めて燃えるのがロウソク

「ここに石炭ガスがあります。ガスが出ていますが、ご覧のように、火がつくということはありません。空気の中へ出てきていますが、十分に熱してもらうまでは、燃えるのを待っているのです。十分に熱すると、初めて火がつきます。吹き消すともう一度熱せられるまで、火はつきません。このように、物質によって待ち方が異なるのは面白いことです。ほんの少し温度が上がるのを待つだけの物質もあれば、十分に温度が上がるのを待つ物質もあります」

ファラデーは最後の実演に入ります。用意されたのは粉末の黒色火薬と、白い綿のように見える綿火薬です。綿火薬は、硝酸と硫酸を混ぜたものに、綿を反応させて作られます。どちらも非常に燃えやすい物質です。

「ここにあるのは黒色火薬と綿火薬です。両方ともすぐには燃えず、十分に熱されるまでは、待っています。しかしながら、燃えだす温度は異なります。熱した針金を両方にあてて、どちらが先に燃えるか試してみましょう」

綿火薬（左）は綿に硫酸と硝酸を加えてニトロセルロースにしたもの。黒色火薬（右）よりも低い温度で燃焼・爆発する。写真はイメージ

第6講　息をすることとロウソクが燃えること

　熱した鉄線を綿火薬に近づけると爆発しました。一方、黒色火薬に鉄線を入れても、火はつきません。黒色火薬も綿火薬も、燃えるものは「炭素」です。しかしながら、同じ温度で、綿火薬は燃え、黒色火薬は燃えませんでした。

　「状態の違いによって物質が燃えだす温度が異なるということが、なんと美しく示されたことでしょう！　ある状態では、熱によって活性化されるまで、待ち続けます。しかし別の状態、例えば呼吸においては待つことがないのです」

　「肺の中に空気が入り込むとすぐに、炭素と酸素は化合します。凍えそうに寒い中にいても、呼吸によって、すぐに炭酸ガスを生じます。すべてのことが、ちょうどよく、そして適切に進むのです。呼吸と燃焼の類似は、見事で、驚くべきものだということがおわかりいただけたことでしょう」

　すべての生きとし生きるものと自分につながりがあること、そしてロウソクの燃焼と自分自身の呼吸に関係があることが、さまざまな実験によって明らかにされました。最後にファラデーは、ロウソクと聴衆一人ひとりを結びつけます。

　「この講演の最後に、私の皆さんへの願いをお話しします。どうか、皆さん、皆さんの時代が来たときに、1本のロウソクに例えられるのにふさわしい人となってください。すべてのあなたの行いを、あなたと共に生きる人々への義務を果たすもの、高潔で役に立つものとし、小さなロウソクであるご自身の美しさを証明していただけたらと思います。ロウソクのように光り輝き、周りを照らしてくださることを願っています」

付録

全6講で起こったこと

　ファラデーの講演では、さまざまな化学反応が紹介されました。HやOといった元素記号もときどき出てきますが、現代の私たちが見かけるような化学式は登場しません。当時、「水素と酸素で水ができる」ことはわかっていましたが、「水素原子と酸素原子で水の分子が構成される（$2H_2 + O_2$ ➡ $2H_2O$）」という説は、研究者の間でやっと受け入れられ始めたばかりだったからです。ここでは、主な実験や現象について化学式で振り返っていきます。

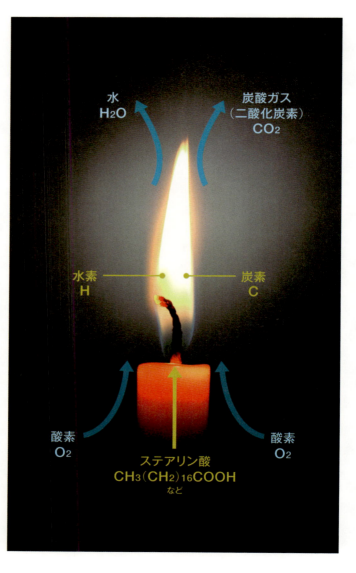

付録　全6講で起こったこと

炭素や水素を含むものの燃焼

講演に繰り返し登場するロウソク、木片、木綿、油には炭素と水素が含まれる。これらは炎を出して燃え、炭酸ガス（二酸化炭素）と水を発生させる。ただし、酸素が十分ではなく炭素が不完全燃焼すると、一酸化炭素が発生する。一酸化炭素は血液中のヘモグロビンと非常に結合しやすい。一酸化炭素が多くなると、ヘモグロビンが酸素と結合できなくなって酸欠状態となるため、非常に危険である。

> ①炭素の完全燃焼：$C - O_2 \rightarrow CO_2$
> ①' 炭素の不完全燃焼：$2C + O_2 \rightarrow 2CO$
> ②水素の燃焼：$2H_2 + O_2 \rightarrow 2H_2O$

ロウの成分

p.16など

18世紀頃までロウの原料としてよく使われた牛脂には、さまざまな脂肪酸が含まれる。脂肪酸とは、長く鎖状につながった炭化水素にカルボン基（COOH）がついたもの。牛脂中の脂肪酸には、ステアリン酸、オレイン酸、パルミチン酸などがある。

> ①ステアリン酸：$CH_3(CH_2)_{16}COOH$
> フランスの化学者ゲイ・リュサックたちにより、牛脂から取り出す方法が開発され、ファラデーの時代にはロウソクの原料と

171

して一般的になっていた。牛脂から作ったロウソクはベタベタして、ロウが垂れると、染み出す油で周りを汚す。しかしステアリン酸のロウソクはベタベタせず、垂れても固まるので、削り落とせば綺麗にできる。

②オレイン酸：$CH_3(CH_2)_7CH=CH(CH_2)_7COOH$

動物性脂肪やオリーブオイルなどの植物油に含まれる。

③パルミチン酸：$CH_3(CH_2)_{14}COOH$

牛脂にも含まれるが、和ロウソクの原料であるウルシ科の植物の実に多く含まれる。

アルコールの燃焼

p.34

実験用のアルコールはメタノールとエタノールの混合物で、ブランデーなど飲用のアルコールはエタノールが主成分である。燃やすと、いずれも炭酸ガス（二酸化炭素）と水を生じる。

①メタノール：$2CH_3OH + 3O_2 \rightarrow 2CO_2 + 4H_2O$
②エタノール：$C_2H_5OH + 3O_2 \rightarrow 2CO_2 + 3H_2O$

鉄の燃焼

p.51、106

鉄は火花を出して燃える。

$2Fe + O_2 \rightarrow 2FeO$

付録　全6講で起こったこと

石灰と炎　　p.56

ロウソクには炭素が固体として存在しているので、燃やすと明るく見えるが、酸素と水素の炎、ガスバーナーの炎には固体として燃えているものがなく、暗く見える。その炎の中に、固体のまま存在する生石灰を入れると、生石灰が高温になって白熱光を出し、明るくなる。生石灰はCaOだが、これが変化するわけではない。

亜鉛の燃焼　　p.59

亜鉛は青緑色の炎を上げ、白い煙を出して燃える。

$$2Zn + O_2 \to 2ZnO$$

水とカリウムの反応　　p.66、81、108

カリウムは酸素と極めてくっつきやすい。そのため水分子から酸素を奪い取って水素を発生させる。

$$2K + 2H_2O \to 2KOH + H_2$$

鉄と酸素の反応　　p.81、84

鉄を水とゆっくり反応させると赤さび（酸化鉄Ⅲ）ができ、水蒸気と反応させると黒さび（四酸化三鉄）ができる。

173

①赤さびの場合：$4Fe + 4H_2O + 2O_2 \rightarrow 4Fe(OH)_2$
$\qquad\qquad\qquad 4Fe(OH)_2 + O_2 \rightarrow 2Fe_2O_3 + 4H_2O$

②黒さびの場合：$3Fe + 4H_2O \rightarrow Fe_3O_4 + 4H_2$

水素の燃焼

p.86、91

少量の水素に火をつけると、小さな音を立てて燃える。

$2H_2 + O_2 \rightarrow 2H_2O$

亜鉛と酸の反応

p.89、91

希硫酸もしくは希塩酸により水素が発生する。

①硫酸の場合：$Zn + H_2SO_4 \rightarrow ZnSO_4 + H_2$

②塩酸の場合：$Zn + 2HCl \rightarrow ZnCl_2 + H_2$

銅を硝酸に溶かす

p.98

硝酸に金属の銅が溶けて銅イオンとなると、青色になる。濃硝酸を使えば赤褐色の二酸化窒素が、希硝酸を使えば無色透明の一酸化窒素が発生する。一酸化窒素は空気中の酸素と反応して、二酸化窒素となる（p.176参照）。

付録　全6講で起こったこと

①濃硝酸の場合：
　　$Cu + 4HNO_3 \rightarrow Cu(NO_3)_2 + 2NO_2 + 2H_2O$
②希硝酸の場合：
　　$3Cu + 8HNO_3 \rightarrow 3Cu(NO_3)_2 + 2NO + 4H_2O$

銅メッキ　　　　　　　　　　　　　　　　p.100

陰極では銅イオンが電子を受け取り、銅になる。陽極では水が分解されて酸素が発生する。

①陰極：$Cu^{2+} + 2e^- \rightarrow Cu$
②陽極：$2H_2O \rightarrow O_2 + 4H^+ + 4e^-$

水の電気分解　　　　　　　　　　　　　　p.102

陰極では水素が発生し、陽極では酸素が発生する。全体で見ると、水素が酸素の2倍発生する。

①陰極：$2H_2O + 2e^- \rightarrow H_2 + 2OH^-$
②陽極：$2H_2O \rightarrow O_2 + 4H^+ + 4e^-$
③全体：$2H_2O \rightarrow 2H_2 + O_2$

二酸化マンガンと塩素酸カリウムの反応　　p.104

酸素を得るためにファラデーがとった方法。なお現代では、二酸化マンガンと過酸化水素水を反応させて酸素を発生させる方法がよく知られている。いずれにおいても二酸化マンガン（MnO_2）は触媒として働き、自身は変化しない。

①塩素酸カリウムの分解：$2KClO_3 \;\blacktriangleright\; 2KCl + 3O_2$
②過酸化水素水の分解：$2H_2O_2 \;\blacktriangleright\; 2H_2O + O_2$

一酸化窒素と酸素の反応　　p.110

一酸化窒素は酸素と非常に反応しやすく、二酸化窒素となる。一酸化窒素は水に溶けないが、二酸化窒素は水に溶けやすい。

①酸素との反応：$2NO + O_2 \;\blacktriangleright\; 2NO_2$
②さらに水に溶かした場合：
　$2NO_2 + H_2O \;\blacktriangleright\; HNO_3 + HNO_2$

石灰水の作成　　p.126

生石灰（CaO）を水と混ぜると、水酸化カルシウム溶液（石灰水）となる。強いアルカリ性なので、目に入らないように注意すること。

$CaO + H_2O \;\blacktriangleright\; Ca(OH)_2$

石灰水と炭酸ガス(二酸化炭素)の反応　　p.126、154

石灰水に二酸化炭素を吹き込むと、炭酸カルシウムができ、白濁する。貝類は海水中の炭酸カルシウムを利用して貝殻を作る。

$$Ca(OH)_2 + CO_2 \rightarrow CaCO_3 + H_2O$$

大理石と塩酸の反応　　p.128

大理石は炭酸カルシウムからできている。塩酸がかかると、炭酸ガス(二酸化炭素)を発生して溶ける。なお、大理石は食用酢とも反応するので、大理石でできたキッチンなどでは注意する必要がある。

$$CaCO_3 + 2HCl \rightarrow CaCl_2 + H_2O + CO_2$$

炭素の燃焼　　p.142

炭素の燃焼に使われる酸素と、できる炭酸ガス(二酸化炭素)の体積は変わらない。

$$C + O_2 \rightarrow CO_2$$

リンの燃焼　　　p.145

リンは結晶化の方法が数種類ある。四面体構造をとる白リン（P_4）は自然発火しやすい。

$$4P + 5O_2 \rightarrow P_4O_{10}$$

鉛の燃焼　　　p.148

鉛は柔らかい金属である。燃焼してできる一酸化鉛は黄白色の粉末であり、古くから顔料として用いられてきた。

$$2Pb + O_2 \rightarrow 2PbO$$

呼吸　　　p.156

人間をはじめとする哺乳類の体内では、赤血球中のヘモグロビンが酸素と炭酸ガス（二酸化炭素）を運搬している。肺で酸素と結合したヘモグロビンは血管を通って、体内の細胞に酸素を運び、二酸化炭素を受け取って肺に戻る。肺で、ヘモグロビンは二酸化炭素を放出し、酸素を結合する。細胞内では、ブドウ糖と酸素から、エネルギーのもととなるアデノシン三リン酸（ATP）が作り出されると同時に二酸化炭素と水が発生している。

付録　全6講で起こったこと

$$C_6H_{12}O_6 + 6O_2 \rightarrow 6CO_2 + 6H_2O + ATP$$

砂糖と硫酸の反応 p.158

砂糖に濃硫酸をかけると、脱水反応が起きる。この水と濃硫酸が反応して、熱が発生し、水は水蒸気となる。このため、黒い物体（炭素）がモクモクと膨らんでいくように見える。

$$C_6H_{12}O_6 \rightarrow 6C + 6H_2O$$

光合成 p.163

植物は葉緑体の中で、光のエネルギーを使って、炭酸ガス（二酸化炭素）と水から炭水化物と酸素を作り出している。これを光合成という。植物自身も呼吸には酸素が必要である。光のある昼間は、光合成により作り出す酸素の量が消費する酸素の量を上回る。しかし、夜間は光合成が行われないので、酸素を消費するのみとなる。

$$6CO_2 + 6H_2O \rightarrow C_6H_{12}O_6 + 6O_2$$

おわりに

"The Chemical History of a Candle"(『ロウソクの科学』)は、マイケル・ファラデーが行った青少年のためのクリスマス講演の記録である。ロウソクが燃える際に起こる化学的、物理的現象とそれらに伴う変化を、演示実験を通して若者に語りかけた講演内容を、後に著名な物理学者になったウィリアム・クルックスが、科学誌の編集者をしていた若い頃に、ファラデーの同意を得て記録し、出版したものである。

世界の各国語に翻訳され、青少年の理科教育にその真価を発揮してきた。わが国では矢島祐利が昭和8年に翻訳して岩波文庫から刊行されたのを皮切りに、多くの人が翻訳してきた。

世界的な名著との評判だったので、学生の頃に何回か完読に挑戦したが果たせなかった。例えは悪いが、この本は硬いスルメのようで、口に入れる前は美味しそうな匂いで食欲をそそるが、歯ごたえが強くてなかなか噛み切れず、口の中でもぐもぐしているうちに次第に柔らかくなり、滋味に富んだ味わいを楽しめる。味わう間もなく退散を余儀なくされた理由は個人的にさまざまだろうが、大きく二つあると思う。

一つはロウソクそのものである。1860年のクリスマスに始まり、翌年にかけて全6回の講演が行われた当時、家庭では夜の灯りとして必需品であるが故に身近な存在だった。昨今、ロウソクは分の悪い存在になってしまった。誕生パーティーのケーキを飾るか、仏壇の灯明でしか使う機会が限られてしまったうえに、災害用備蓄品に必須であった非常用ローソク

おわりに

とマッチのセットは火災の危険性があるというので、性能が
よくて長持ちするLED懐中電灯が推奨されるようになった。

　二つめは、演示実験を含む講演を聴く際の印象と、その
内容を文字化した書籍、とりわけ実験の部分を読んで受け
る印象の違いである。ファラデーは演示実験を含めていろい
ろなロウソクの実物や実験器具を示しながら講演を行った。
したがって、図や写真などは必要がなかったのであろう。原
書にはいくつかの図版が入っているとはいえ、講義録として
文字だけでは十分な理解には至らない。講義録の速記をもと
に出版したクルックス自身もこのことに気づいていくつかの
図を追加しているし、その後の改訂版でもかなりの数の図が
追加され、わかりやすい説明が付け加えられた。日本語の翻
訳本でも、訳者による訳注や解説が付け加えられているとい
う特徴がある。

　これまでの翻訳書にはない試みとして、本書ではこれらの
不備を補うとともに、ファラデーが講演で青少年に示した演
示実験をより深く理解するために、原書の抄録に加えて、原
書の中から家庭や学校で行うことができる実験を選んで、材
料や手順、注意事項などをまとめた。火を扱う実験が多いの
で、くれぐれもやけどや火災には十分な配慮のうえ、ファラ
デーがおよそ160年前に青少年を前にして行った演示実験を
自ら体験してほしい。

2018年11月　白川英樹

《 参 考 書 籍 》

Michael Faraday, *A Course of Six Lectures on the Chemical History of a Candle*, Charles Griffin and Co., 1865 (レッド版)
　*The Chemical History of a Candle*とよく略されるため、本文中ではそのように記載しています。

ファラデー著、三石 巌訳『ロウソクの科学』(角川文庫、2012年)

ファラデー著、竹内敬人訳『ロウソクの科学』(岩波文庫、2010年)

マイケル・ファラデー著、白井俊明訳『ろうそく物語』(法政大学出版局、2005年新装版)

William S Hammack/Donald J DeCoste, *Michael Faraday's the Chemical History of a Candle: With Guides to Lectures, Teaching Guides & Student Activities*, Articulate Noise Books, 2016

ファラデー原作、平野累次/冒険企画局文、上地優歩絵『ロウソクの科学 世界一の先生が教える超おもしろい理科』(角川つばさ文庫、2017年)

P.W.Atkins著、玉虫伶太訳『新ロウソクの科学―化学変化はどのようにおこるか―』(東京化学同人、1994年)

オーウェン・ギンガリッチ編集代表、コリン・A・ラッセル著、須田康子訳『マイケル・ファラデー「オックスフォード科学の肖像」』(大月書店、2007年)

J. M. トーマス著、千原秀昭/黒田玲子訳『マイケル・ファラデー―天才科学者の軌跡』(東京化学同人、1994年)

小山慶太著『ファラデーが生きたイギリス』(日本評論社、1993年)

白川英樹著『私の歩んだ道　ノーベル化学賞の発想』(朝日新聞出版、2001年)

白川英樹著『化学に魅せられて』(岩波新書、2001年)

数研出版編集部編『視覚でとらえるフォトサイエンス 化学図録』(数研出版、2003年)

《 参 考 論 文 》

木原壮林「実験の天才ファラデーの日誌」(*Review of Polarography*, Vol.59, No.2, 2013)

《 参 考 ウ ェ ブ サ イ ト 》

The Royal Institution, The Faraday Museum
http://www.rigb.org/visit-us/faraday-museum

Michael Faraday's The Chemical History of a Candle with Guides to the Lectures, Teaching Guides & Student Activities
http://www.engineerguy.com/faraday/

謝辞

　この本を制作するにあたって、実験アドバイス、実験実施、実験場所の提供など、筑波大学の木島正志先生をはじめ、多くの皆様にご協力いただきました。丸尾文昭先生、長谷村祐子さん、齊藤 萌さん、軽辺凌太さん、田渕宏太朗さん、三浦貴也さん、杉田晶子さん、平野善弘さん、吉武 真さん、ありがとうございました。

　また、この本の企画から、撮影、編集まですべてにおいて全面的にサポートしてくださったSBクリエイティブの田上理香子さん、撮影だけでなく実験も実施していただいたカメラマンの冨樂和也さん、美しく丁寧にデザインしてくださったごぼうデザイン事務所の永瀬優子さんに感謝いたします。

　最後にお忙しい中、監修をお引き受けくださいました筑波大学名誉教授 白川英樹先生に、この場を借りてお礼を申し上げます。白川先生が、次世代の育成のために、科学実験教室や科学ジャーナリスト支援活動をなさっている姿は、ファラデーと重なります。白川先生とこの本を作ることができて幸せです。本当にありがとうございました。

2018年11月　尾嶋好美

サイエンス・アイ新書　シリーズラインナップ

科学

419 空を飛べるのはなぜか
秋本俊二

416 英語の瞬発力をつける
9マス英作文トレーニング
林 一紀

410 わかりやすい
記憶力の鍛え方
児玉光雄

408 外国語を話せる
ようになるしくみ
門田修平

401 人体の限界
山﨑昌廣

398 汚れの科学
齋藤勝裕

184

388 アインシュタイン
― 大人の科学伝記
新堂 進

387 正しい筋肉学
岡田 隆

384 大人もおどろく
「夏休み子ども科学電話相談」
NHKラジオセンター
「夏休み子ども科学電話相談」制作班/編著

383 「食べられる」
科学実験セレクション
尾嶋好美

379 人工知能解体新書
神崎洋治

372 正しいマラソン
金 哲彦、山本正彦、
河合美香、山下佐知子

サイエンス・アイ新書　シリーズラインナップ

数学

418	数はふしぎ	今野紀雄
412	楽しくわかる数学の基礎	星田直彦
400	ざっくりわかるトポロジー	名倉真紀、今野紀雄
403	本当は面白い数学の話	岡部恒治、本丸 諒
375	予測の技術	内山 力
366	90分で実感できる微分積分の考え方	宮本次郎
346	おもしろいほどよくわかる高校数学 関数編	宮本次郎
343	算数でわかる数学	芳沢光雄
328	図解・速算の技術	涌井良幸
320	おりがみで楽しむ幾何図形	芳賀和夫
317	大人のやりなおし中学数学	益子雅文
294	図解・ベイズ統計「超」入門	涌井貞美
263	楽しく学ぶ数学の基礎－図形分野－＜下：体力増強編＞	星田直彦
262	楽しく学ぶ数学の基礎－図形分野－＜上：基礎体力編＞	星田直彦
230	マンガでわかる統計学	大上丈彦/著、メダカカレッジ/監修
219	マンガでわかる幾何	岡部恒治・本丸 諒
195	マンガでわかる複雑ネットワーク	右田正夫・今野紀雄
109	マンガでわかる統計入門	今野紀雄
108	マンガでわかる確率入門	野口哲典
67	数字のウソを見抜く	野口哲典
65	うそつきは得をするのか	生天目 章
61	楽しく学ぶ数学の基礎	星田直彦
55	計算力を強化する鶴亀トレーニング	鹿持 渉/著、メダカカレッジ/監修
49	人に教えたくなる数学	根上生也
14	数学的センスが身につく練習帳	野口哲典
2	知ってトクする確率の知識	野口哲典

物理

344	大人が知っておきたい物理の常識	左巻健男・浮田 裕
316	カラー図解でわかる力学「超」入門	小峯龍男
299	カラー図解でわかる高校物理超入門	北村俊樹
292	質量とヒッグス粒子	広瀬立成
278	武術の科学	吉福康郎
274	理工系のための原子力の疑問62	関本 博
269	ヒッグス粒子とはなにか	ハインツ・ホライス／矢沢 潔
241	ビックリするほど原子力と放射線がわかる本	江尻宏泰
226	格闘技の科学	吉福康郎
214	対称性とはなにか	広瀬立成
209	カラー図解でわかる科学的アプローチ＆バットの極意	大槻義彦

201	日常の疑問を物理で解き明かす	原 康夫・右近修治
174	マンガでわかる相対性理論	新堂 進/著、二間瀬敏史/監修
147	ビックリするほど素粒子がわかる本	江尻宏泰
113	おもしろ実験と科学史で知る物理のキホン	渡辺儀輝
112	カラー図解でわかる科学的ゴルフの極意	大槻義彦
102	原子(アトム)への不思議な旅	三田誠広
77	電気と磁気のふしぎな世界	TDKテクマグ編集部
76	カラー図解でわかる光と色のしくみ	福江 純・粟野諭美・田島由起子
51	大人のやりなおし中学物理	左巻健男
20	サイエンス夜話 不思議な科学の世界を語り明かす	竹内 薫・原田章夫

人体

339	マンガでわかるストレス対処法	野口哲典
296	マンガでわかる若返りの科学	藤田紘一郎
286	マンガでわかるホルモンの働き	野口哲典
271	マンガでわかるメンタルトレーニング	児玉光雄
228	科学でわかる男と女になるしくみ	麻生一枝
213	マンガでわかる神経伝達物質の働き	野口哲典
158	身体に必要なミネラルの基礎知識	野口哲典
157	科学でわかる男と女の心と脳	麻生一枝
151	DNA誕生の謎に迫る！	武村政春
120	あと5kgがやせられないヒトのダイエットの疑問50	岡田正彦
100	マンガでわかる記憶力の鍛え方	児玉光雄
98	マンガでわかる香りとフェロモンの疑問50	外崎肇一・越中矢住子
89	眠りと夢のメカニズム	堀 忠雄
82	図解でわかる からだの仕組みと働きの謎	竹内修二
71	自転車でやせるワケ	松本 整
59	その食べ方が死を招く	healthクリック/編
58	みんなが知りたい男と女のカラダの秘密	野口哲典
57	タテジマ飼育のネコはヨコジマが見えない	高木雅行
54	スポーツ科学から見たトップアスリートの強さの秘密	児玉光雄
29	行動はどこまで遺伝するか	山元大輔

化学

394	周期表に強くなる！　改訂版	齋藤勝裕
348	知られざる鉄の科学	齋藤勝裕
331	本当はおもしろい化学反応	齋藤勝裕
308	図解・化学「超」入門	左巻健男・寺田光宏・山田洋一
306	マンガでわかる無機化学	齋藤勝裕/著、保田正和/イラスト
300	カラー図解でわかる高校化学超入門	齋藤勝裕
229	マンガでわかる元素118	齋藤勝裕

サイエンス・アイ新書　シリーズラインナップ

193	知っておきたい有機化合物の働き	齋藤勝裕
185	基礎から学ぶ化学熱力学	齋藤勝裕
136	マンガでわかる有機化学	齋藤勝裕
107	レアメタルのふしぎ	齋藤勝裕
92	毒と薬のひみつ	齋藤勝裕
74	図解でわかるプラスチック	澤田和弘
69	金属のふしぎ	齋藤勝裕
56	地球にやさしい 石けん・洗剤ものしり事典	大矢 勝
52	大人のやりなおし中学化学	左巻健男

植物

402	身近な野菜の奇妙な話	森 昭彦
399	桜の科学	勝木俊雄
359	身近にある毒植物たち	森 昭彦
352	植物学「超」入門	田中 修
281	コケのふしぎ	樋口正信
248	タネのふしぎ	田中 修
245	毒草・薬草事典	船山信次
242	自然が見える！樹木観察フィールドノート	姉崎一馬
215	うまい雑草、ヤバイ野草	森 昭彦

植物/動物

196	大人のやりなおし中学生物	左巻健男・左巻恵美子
179	キノコの魅力と不思議	小宮山勝司
163	身近な野の花のふしぎ	森 昭彦
133	花のふしぎ100	田中 修
114	身近な雑草のふしぎ	森 昭彦
62	葉っぱのふしぎ	田中 修

動物

392	それでも美しい動物たち	福田幸広
377	知っているようで知らない鳥の話	細川博昭
338	カラー図解でわかる高校生物超入門	芦田嘉之
311	イモムシのふしぎ	森 昭彦
301	超美麗イラスト図解 世界の深海魚 最驚50	北村雄一
284	生き物びっくり実験！ミジンコが教えてくれること	花里孝幸
275	あなたが知らない動物のふしぎ50	中川哲男
266	外来生物 最悪50	今泉忠明
250	身近な昆虫のふしぎ	海野和男
235	ぞわぞわした生きものたち	金子隆一
208	海に暮らす脊椎動物のふしぎ	中野理枝/著、広瀬裕一/監修
190	釣りはこんなにサイエンス	高木道郎
166	ミツバチは本当に消えたか？	越中矢住子

164	身近な鳥のふしぎ	細川博昭
159	ガラパゴスのふしぎ	NPO法人日本ガラパゴスの会
152	大量絶滅がもたらす進化	金子隆一
141	みんなが知りたいペンギンの秘密	細川博昭
138	生態系のふしぎ	児玉浩憲
127	海に生きるものたちの掟	窪寺恒己/編著
124	寄生虫のひみつ	藤田紘一郎
123	害虫の科学的退治法	宮本拓海
122	海の生き物のふしぎ	原田雅章/著、松浦啓一/監修
121	子供に教えたいムシの探し方・観察のし方	海野和男
101	発光生物のふしぎ	近江谷克裕
88	ありえない!? 生物進化論	北村雄一
85	鳥の脳力を探る	細川博昭
84	両生類・爬虫類のふしぎ	星野一三雄
83	猛毒動物 最恐50	今泉忠明
72	17年と13年だけ大発生？素数ゼミの秘密に迫る！	吉村仁
68	フライドチキンの恐竜学	盛口満
64	身近なムシのびっくり新常識100	森昭彦
50	おもしろすぎる動物記	實吉達郎
38	みんなが知りたい動物園の疑問50	加藤由子
32	深海生物の謎	北村雄一
28	みんなが知りたい水族館の疑問50	中村元
27	生き物たちのふしぎな超・感覚	森田由子

ペット

397	イヌの老いじたく	臼杵新
393	ネコの老いじたく	壱岐田鶴子
324	ネコの気持ちがわかる39の秘訣	壱岐田鶴子
323	イヌの気持ちがわかる67の秘訣	佐藤えり奈
289	マンガでわかるインコの気持ち	細川博昭
272	しぐさでわかるイヌ語大百科	西川文二
238	イヌの「困った!」を解決する	佐藤えり奈
237	ネコの「困った!」を解決する	壱岐田鶴子
118	うまくいくイヌのしつけの科学	西川文二
111	ネコを長生きさせる50の秘訣	加藤由子
110	イヌを長生きさせる50の秘訣	臼杵新
25	ネコ好きが気になる50の疑問	加藤由子
24	イヌ好きが気になる50の疑問	吉田悦子

サイエンス・アイ新書　シリーズラインナップ

地学

415	地形図を読む技術　新装版	山岡光治
413	地球とは何か	鎌田浩毅
282	地形図を読む技術	山岡光治
279	これだけは知っておきたい世界の鉱物50	松原聰・宮脇律郎
253	天気と気象がわかる！83の疑問	谷合 稔
225	次の超巨大地震はどこか？	神沼克伊
207	東北地方太平洋沖地震は"予知"できなかったのか？	佃 為成
205	日本人が知りたい巨大地震の疑問50	島村英紀
198	みんなが知りたい化石の疑問50	北村雄一
197	大人のやりなおし中学地学	左巻健男
194	日本の火山を科学する	神沼克伊・小山悦郎
184	地図の科学	山岡光治
182	みんなが知りたい南極・北極の疑問50	神沼克伊
173	みんなが知りたい地図の疑問50	真野栄一・遠藤宏之・石川 剛
78	日本人が知りたい地震の疑問66	島村英紀
39	地震予知の最新科学	佃 為成
34	鉱物と宝石の魅力	松原聰・宮脇律郎

宇宙

420	私たちは時空を超えられるか	松原隆彦
350	宇宙の誕生と終焉	松原隆彦
327	マンガでわかる超ひも理論	荒舩良孝
315	マンガでわかる宇宙「超」入門	谷口義明
298	マンガでわかる量子力学	福江 純
277	ロケットの科学	谷合 稔
240	アストロバイオロジーとはなにか	瀧澤美奈子
186	宇宙と地球を視る人工衛星100	中西貴之
139	天体写真でひもとく宇宙のふしぎ	渡部潤一
131	ここまでわかった新・太陽系	井田 茂・中本泰史
125	カラー図解でわかるブラックホール宇宙	福江 純
87	はじめる星座ウォッチング	藤井 旭
75	宇宙の新常識100	荒舩良孝
63	英語が苦手なヒトのためのNASAハンドブック	大崎 誠・田中拓也
41	暗黒宇宙で銀河が生まれる	谷口義明
23	宇宙はどこまで明らかになったのか	福江 純・粟野諭美／編著

他に「医学」「心理」「論理」「工学」「乗物」「IT・PC」「食品」といったジャンルがあります。
シリーズラインナップは2018年11月時点のものです

サイエンス・アイ新書 発刊のことば

「科学の世紀」の羅針盤

　20世紀に生まれた広域ネットワークとコンピュータサイエンスによって、科学技術は目を見張るほど発展し、高度情報化社会が訪れました。いまや科学は私たちの暮らしに身近なものとなり、それなくしては成り立たないほど強い影響力を持っているといえるでしょう。

　『サイエンス・アイ新書』は、この「科学の世紀」と呼ぶにふさわしい21世紀の羅針盤を目指して創刊しました。情報通信と科学分野における革新的な発明や発見を誰にでも理解できるように、基本の原理や仕組みのところから図解を交えてわかりやすく解説します。科学技術に関心のある高校生や大学生、社会人にとって、サイエンス・アイ新書は科学的な視点で物事をとらえる機会になるだけでなく、論理的な思考法を学ぶ機会にもなることでしょう。もちろん、宇宙の歴史から生物の遺伝子の働きまで、複雑な自然科学の謎も単純な法則で明快に理解できるようになります。

　一般教養を高めることはもちろん、科学の世界へ飛び立つためのガイドとしてサイエンス・アイ新書シリーズを役立てていただければ、それに勝る喜びはありません。21世紀を賢く生きるための科学の力をサイエンス・アイ新書で培っていただけると信じています。

2006年10月

※サイエンス・アイ (Science i) は、21世紀の科学を支える情報 (Information)、
知識 (Intelligence)、革新 (Innovation) を表現する「 i 」からネーミングされています。

SB Creative

science・i

サイエンス・アイ新書
SIS-423

https://sciencei.sbcr.jp/

「ロウソクの科学」が教えてくれること
炎の輝きから科学の真髄に迫る、名講演と実験を図説で

2018年12月25日　初版第1刷発行
2020年 3月26日　初版第6刷発行

編 訳 者	尾嶋好美
監 修 者	白川英樹
発 行 者	小川 淳
発 行 所	SBクリエイティブ株式会社
	〒106-0032　東京都港区六本木2-4-5
	電話：03-5549-1201（営業部）
組版・装丁	ごぼうデザイン事務所
印刷・製本	株式会社シナノ パブリッシング プレス

乱丁・落丁本が万が一ございましたら、小社営業部まで着払いにてご送付ください。送料小社負担にてお取り替えいたします。本書の内容の一部あるいは全部を無断で複写（コピー）することは、かたくお断りいたします。本書の内容に関するご質問等は、小社科学書籍編集部まで必ず書面にてご連絡いただきますようお願いいたします。

本書をお読みになったご意見・ご感想を
下記URL、右記QRコードよりお寄せください。
https://isbn.sbcr.jp/97482/

©Yoshimi Ojima/Hideki Shirakawa　2018 Printed in Japan　ISBN 978-4-7973-9748-2

SB Creative